이론과 실습을 한 번에

전기회로 실험

조수환 저

JINSAEM 진샘미디어

머리말

전기, 전자공학 분야의 전공을 공부하는 대학생들에게 전기회로(회로이론)이라는 교과목은 앞으로 전개될 4년간의 전공교육과정에서 가장 중요한 기초 전공교과목이며, 이와 더불어 처음 접하게 되는 전공교과이기에 전기, 전자 분야에 대한 흥미를 느끼게 하는 역할을 하는 중요 교과목이다. 대학 신입생이라면 누구든지 전공 원서를 들고 다니면서 도서관 혹은 커피숍에서 우아하게 전공교재를 탐독하는 모습을 상상할텐데, 그 과목이 재미없고 어렵게만 느껴진다면 얼마나 고통스러운 일이겠는가......?

본 교재는 전기, 전자공학의 기초교과인 전기회로(회로이론)의 이해를 돕기 위한 실험교재인 동시에 순수이론에 대한 해설서로 측정장비의 원리, 전기의 특성과 관련된 각종 이론들을 학생들이 쉽게 이해할 수 있도록 구성되었습니다. 15주 교육과정 중 중간고사와 기말고사 기간을 제외한 총 13주의 실습시간을 효과적으로 운영할 수 있도록 13개의 실험 주제를 고심 끝에 선정하였습니다. 실험은 크게 직류(DC)분야와 교류(AC)분야로 나뉘며, 직류(DC)분야의 경우, 저항(R)으로 구성된 기본회로에서의 측정기기의 원리 및 사용법, 저항(R)에서의 전압(V)과 전류(I)와의 관계, 직병렬 연결, 키르히호프의 전압/전류법칙, 중첩의 원리, 테브닌/노튼 등가회로, 최대전력 전송 조건 등을 학습합니다. 교류(AC)분야의 경우, 대표적인 교류신호인 정현파 전압신호에 대한 기초 이론을 토대로 파형 관찰을 위한 장비인 함수발생기와 오실로스코프의 조작법을 익히고, 인덕터(L)와 캐패시터(C)에서의 전압(V)과 전류(I)와의 관계를 수학적으로 이해하고 이를 실험을 통해 확인하는 과정을 주로 다룰 것입니다. 직류(DC)계통과 마찬가지로 교류(AC)계통에서도 위에서 언급한 각종 이론들이 모두 성립하므로 교류파형의 특성과 수동소자에서의 전압, 전류의 시간 특성을 이해하는 데 중점을 두었습니다.

끝으로 본 교재가 출판되기까지 에너지기초인력양성사업을 잘 이끌어 주신 상명대학교 김정욱 교수님, 허 진 교수님, 김민아 연구원과 제주대학교 김호찬 교수님께 감사드립니다. 지난 7년 간 저를 도와 실험자료를 잘 정리해 준 우리 SDPS연구실 출신인 한국건설기술연구원 엄지영 연구원, (주)데베트론코리아 유제호 연구원, 한국전기연구원 고은영 연구원, 전력연구원 백자현 연구원에게 감사드리며, 누구보다도 마지막까지 큰 도움을 준 신훈철 석사과정과 한수경 석사과정 등 우리 제자들 전체에게 고마움의 뜻을 전합니다.

우리 대학교 전기공학과 학생들이 이 교재를 통해 열심히 공부해서 전기회로의 達人이 되길 기원합니다...!!!

2017년 5월 조수환

차례

실험 01

전기회로 기본실험기구

1 실험 목적

- 전기회로를 구성하는 기본 구성요소(부품 및 실험기기)를 살펴본다.
- 브레드보드와 DC전원 공급장치의 작동법을 익힌다.

2 이론적 배경

(1) 브레드보드

브레드보드(Bread Board, 빵판)는 전기회로 구성 시 회로부품 간의 별도의 납땜작업이나 배선작업을 하지 않고도 쉽고 안전하게 회로부품들을 연결하여 원하는 회로를 구성하기 위해 제작된 기판이다.

아래의 [그림 1-1]은 브레드보드의 실제 모습을 보여준다. [그림 1-1(a)]는 정면모습이다. 해당 그림의 1 에는 빨간색, 검정색, 초록색 3개의 단자가 있는데, 빨간색 단자에는 DC전원공급기의 양극(+)이, 검정색 단자에는 DC전원공급기의 음극(−)이 각각 연결된다.

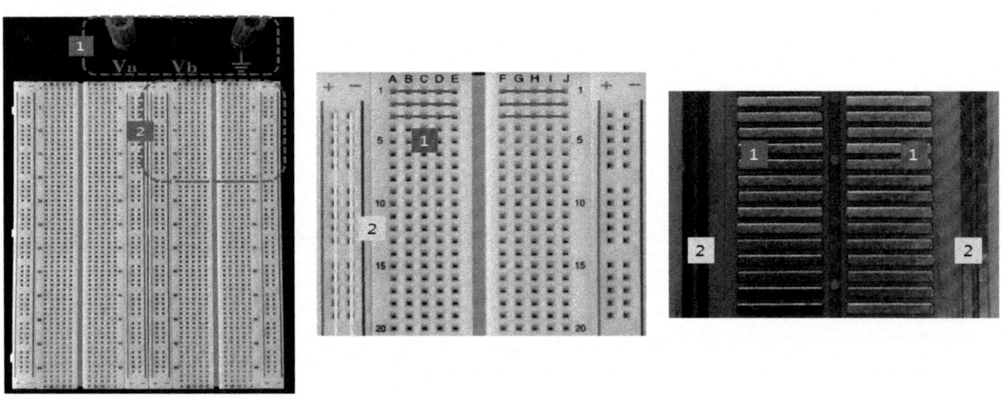

(a) 브레드보드의 정면모습 (b) (a)의 2 를 확대한 모습 (c) 브레드보드 연결부 모습

그림 1-1 브레드보드

초록색은 일반적으로 중성선(접지)을 의미한다. [그림 1-1(b)]는 [그림 1-1(a)]의 **2** 를 확대한 모습니다. 브레드보드는 크게 가로연결과 세로연결로 구성된다. 그림에서 보는 것처럼 가로줄은 한 블록 당 5개의 구멍이 기판의 안쪽으로 연결되어 있으며, 세로줄은 (+)와 (−)을 따라 위에서 아래로 전체가 다 연결되어 있다. 브레드보드를 처음 접하는 학생들의 이해를 돕기 위해 브레드보드의 안전판을 제거하고 실제의 가로/세로연결 기판의 뒷면을 [그림 1-1(c)]에서 보여준다. [그림 1-1(c)]의 각 금속판은 같은 노드(접합점)를 의미하므로 회로부품들을 연결할 때에는 부품의 양 단자를 각각 다른 금속판에 연결해야 한다. 자세한 내용은 「실험 03. B. 저항의 직렬연결」과 「실험 03. C. 저항의 병렬연결」에서 다루기로 한다.

(2) 저항기

저항기(Resistor)는 회로 내에 흐르는 전류를 억제하는 성질을 지닌 회로소자이다. 저항기가 갖는 전기적인 성질(즉, 전류의 흐름을 방해하는 능력)을 **저항**(Resistance)이라 하고 그 크기를 표현하는 단위로는 Ω(**오옴**, ohm)을 사용한다. 따라서 모든 물체는 전기적 저항을 갖게 되는데, 전기가 잘 흐르는 물체를 **도체**(Conductor)라 하고 전기를 흘리지 못하는 물체를 **부도체**(혹은 **절연체**, Insulator)라 한다. 저항은 전류를 방해하는 능력이라 했으므로 도체의 경우 전류를 방해하는 능력이 떨어져서 전류가 잘 흐르기 때문에 낮은 저항을 갖는다. 반면에 부도체의 경우 전류를 방해하는 능력이 커서 전류가 잘 흐르지 못하기 때문에 큰 저항을 갖는다.

도체의 저항은 아래의 수식으로 표현된다.

$$R=\rho\frac{l}{A} \qquad \text{(식 1.1)}$$

여기에서 R은 저항(혹은 저항치)이고, A는 도체의 단면적, l은 도체의 길이, ρ는 비저항을 의미한다. 비저항은 도체가 갖는 고유한 저항으로 도체를 구성하는 물질에 의해 결정되며, 비저항(단위: $\Omega\cdot cm$)이 클수록 부도체에 가깝다. 또한 도체의 단면적이 클수록 저항은 줄어들고, 도체의 길이가 길수록 저항은 커진다.

저항기는 크게 **고정저항**과 **가변저항**으로 구분된다. 고정저항은 저항기의 저항값이 고정되어 있으며, 탄소피막저항, 금속피막저항, 권선저항 등이 있다.

| 표 1-1 | 각종 도체의 고유저항

금속의 종류	고유저항($\mu\Omega \cdot cm$)	금속의 종류	고유저항($\mu\Omega \cdot cm$)
은	1.645	텅스텐	5.485
구리	1.723	니켈	7.811
금	2.443	철	12.299
알루미늄	2.825	탄소	3,500

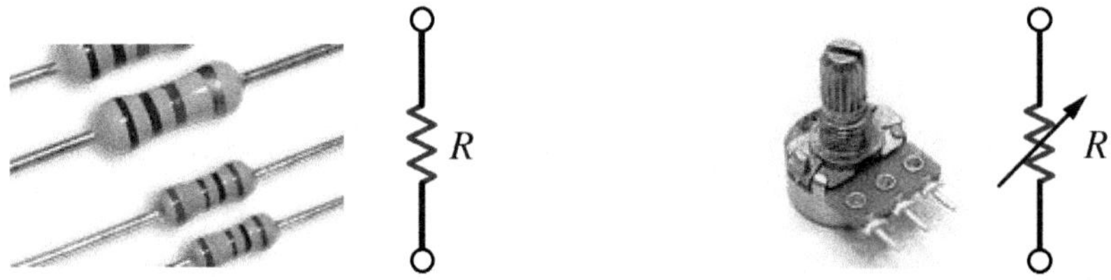

(a) 고정저항(탄소피막저항)과 기호 (b) 가변저항과 기호

| 그림 1-2 | 고정저항과 가변저항

고정저항 중 탄소피막저항이 가장 많이 쓰이며, 저항기의 몸통에 나타난 색띠(컬러코드)를 통해 저항값을 알 수 있다. 가변저항은 저항기의 저항값이 변하는 것으로, 노브를 돌려 다양한 저항값을 나타낼 수 있다. [그림 1-2]

각 저항기의 특성은 「실험 02. A. 저항의 측정」에서 자세히 다루기로 한다.

(3) 디지털 멀티미터

멀티미터(Multimeter)는 전류, 전압, 저항 등의 전기물리량을 측정하는 계측기로, 아날로그(Analog)형과 디지털(Digital)형이 있다. 최근의 회로실험에는 저렴한 디지털 멀티미터(Digital Multi-Meter, DMM)가 주로 이용된다.

디지털 멀티미터의 기능은 아래의 [그림 1-3]을 통해 확인할 수 있다.

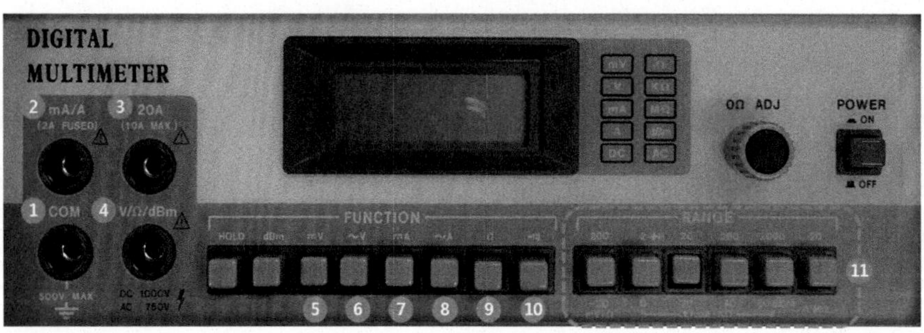

| 그림 1-3 | 디지털 멀티미터

- 1 : 공통단자(Common)로서 모든 측정 시 검정색 프로브를 연결한다.
- 2, 3 : 전류측정 시 빨간색 프로브를 연결한다. 2번 단자를 통해 수 mA ~ 2A 까지 측정가능하며 그 이상인 경우 3번 단자를 이용한다.
- 4 : 전압 및 저항 측정 시 빨간색 프로브를 연결한다.
- 5 : 직류전압을 측정하는 경우 선택한다. 이 때 검정색 프로브는 1번 단자에 연결하고, 빨간색 프로브는 4번 단자에 연결한다.
- 6 : 교류전압을 측정하는 경우 선택한다. 프로브의 연결은 직류전압 측정 시와 동일하다.

여기서 잠깐!! 멀티미터 사용 시 주의사항!!

디지털 멀티미터를 사용하는 도중, 디스플레이에 측정값이 나오지 않는 경우가 종종 있다. 이 때 가장 먼저 확인해야 하는 것은 장비 후면의 퓨즈(Fuse)이다. 퓨즈는 디지털 멀티미터를 외부의 과전류로부터 보호하기 위한 장치이다.

학생들이 가장 많이 범하는 실수는 **전류측정 모드**(7, 8 선택)에서 회로에 흐르는 전류를 측정하면서 전압 혹은 저항 측정 시와 동일하게 프로브를 소자와 병렬로 접촉하기 때문이다. 전류측정 시 멀티미터의 내부저항은 거의 0에 가깝다. 이 상태에서 멀티미터를 소자와 병렬로 연결하는 경우, 저항이 없는 멀티미터 쪽으로 매우 큰 전류(과전류)가 흐르게 되므로 과전류로부터 장비를 보호하기 위해 퓨즈가 끊어진다. 따라서 전류 측정 시에는 측정하고자 하는 선로를 개방(open)한 후 멀티미터가 회로에 직렬로 연결되도록 프로브를 접촉해야 한다는 사실을 기억하자.

- 7 : 직류전류를 측정하는 경우 선택한다. 이 때 검정색 프로브는 1번 단자에 연결하고, 빨간색 프로브는 2 혹은 3번 단자에 연결한다. 일반적으로 수 암페어(A)는 매우 큰 전류이다. 회로 구성 시 가급적이면 mA 단위의 전류가 흐르도록 해야 한다.
- 8 : 교류전류를 측정하는 경우 선택한다. 프로브의 연결은 직류전류 측정 시와 동일하다.
- 9 : 저항을 측정하는 경우 선택한다. 이 때 검정색 프로브는 1번 단자에 연결하고, 빨간색 프로브는 4번 단자에 연결한다.
- 10 : 회로 접속점 간의 단선 유무, 접속 불량, 오접속 등을 발견하기 위한 도통시험(Conduction Test)에 사용한다. 이 때 검정색 프로브는 1번 단자에 연결하고, 빨간색 프로브는 4번 단자에 연결한다. 원하는 두 노드에 프로브를 접촉하여 부저가 울리면 해당 노드 간의 단선이 없이 회로가 정상적으로 구성된 것이고, 부저가 울

리지 않으면 노드 간에 단선이 있는 것으로 판단할 수 있다.

- **11** : 측정할 수 있는 최대값을 나타내며, 가장 정확한 측정값을 읽기 위해 측정범위를 조절한다. 전압은 200mV, 2V, 20V, 200V, 2000V 범위로 측정가능하며, 전류는 2mA, 20mA, 200mA, 2000mA, 20A 범위로 측정가능하다. 저항의 경우 200Ω, 2kΩ, 20kΩ, 200kΩ, 2000kΩ, 20MΩ 범위로 측정가능하다.

디지털 멀티미터의 사용법은 「실험 02. 직류회로 측정」에서 더 자세히 다루기로 한다.

(4) DC전원 공급장치

DC전원 공급장치(DC Power Supply)는 회로에 DC(직류) 전압 혹은 DC(직류) 전류를 공급해주는 장치이다. 직류(DC, Direct Current)란 시간에 따라 전압 혹은 전류의 크기가 변하지 않고 일정한 경우를 말한다. 그렇지 않고 시간에 따라 전압 혹은 전류의 크기가 변하는 경우를 교류(AC, Alternative Current)한다. 회로에 사용되는 전원은 전압원과 전류원으로 구분된다. 회로의 두 노드(Node) 간에 일정한 전위차를 유지시켜주는 장치를 독립전압원(Independent Voltage Source)라 하고 회로의 한 브랜치(Branch)에 일정한 전류를 흘려주는 장치를 독립전류원(Independent Current Source)라 한다.

(a) 독립전압원(좌), 종속전압원(우)　　(b) 독립전류원(좌), 종속전류원(우)

| 그림 1-4 | 전압원과 전류원의 기호

여기서 잠깐!! 노드(Node)와 루프(Loop), 브랜치(Branch)란?

전기회로 해석을 위해 반드시 이해해야 하는 노드와 루프, 브랜치의 개념을 살펴보자. 먼저 노드와 브랜치를 이해하기 위해 나무를 떠올려보자. 나무는 뿌리, 줄기, 곁가지로 구분된다. 겉으로 보이는 건 줄기와 곁가지이고 줄기와 곁가지가 만나는 점을 노드(node), 줄기로부터 뻗어나온 곁가지를 브랜치(branch)라 한다. 물론 줄기도 하나의 브랜치로 볼 수 있다. 하지만, 일반적인 나무에서는 루프(Loop)를 찾을 수 없다. 곁가지의 끝이 다시 줄기와 만나거나 혹은 다른 곁가지와 만나서 이어지는 경우가 일반적으로는 없기 때문이다. 만일 이어지는 경우, 루프라 할 수 있다.

회로를 구성하는 요소에는 저항기(Resistor), 캐패시터(Capacitor), 인덕터(Inductor), 전원(Source) 등의 소자(Element)와 각 소자들을 연결해주는 전선(Wire)으로 구성된다.

이론적으로 설명하면, **노드**(Node)란 두 개 이상의 소자들이 연결되어 있는 절점(Point)을 의미한다. **루프**(Loop)란 회로를 구성하는 완벽한 폐회로(Closed Path)를 의미하며, **브랜치**(Branch)는 회로 내의 한 소자와 그 소자의 양 쪽 노드를 포함한 부분을 의미한다. 아래의 예를 통해 이해해보도록 하자.

아래의 [그림 1-5(a)]에는 12V 독립전압원과 2kΩ 저항기, 이렇게 두 개의 회로소자가 보인다. 각 소자의 양 끝에는 노드가 위치한다. 독립전압원에는 A와 B 노드가, 저항기에는 C와 D 노드가 위치한다. 그러면 A노드와 C노드는 다른 노드인가? 같은 노드인가? 마찬가지로 B노드와 D노드는 다른 노드인가? 같은 노드인가?

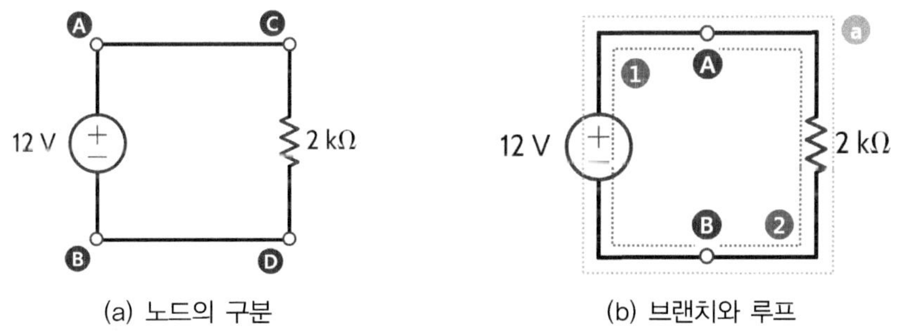

| 그림 1-5 | 노드와 루프, 브랜치의 개념

앞서 설명한 듯이 노드란 두 개 이상의 소자들이 연결되어 있는 점이라고 했다. 만일 A와 C가 다른 노드라면, 각각의 노드에는 두 개 이상의 소자들이 연결되어야 한다. A노드에는 독립전압원 한 개만 연결되어 있고, C노드에는 저항기 한 개만 연결되어 있다. A와 C가 같은 노드라 생각하면, 해당 노드에는 독립전압원과 저항기 이렇게 두 개의 소자가 연결됨을 알 수 있다. 따라서 A와 C는 같은 하나의 노드이다.

B노드와 D노드의 경우도 마찬가지이다. 따라서 좀 더 이해하기 쉽게 [그림 1-5(b)]와 같이 두 개의 노드로만 표현이 가능하다.

다음은 브랜치를 살펴보자. 브랜치의 기준은 노드이다. 노드에는 두 개 이상의 소자가 연결되므로 소자가 연결된 부분을 따라가면 브랜치를 찾을 수 있다. 먼저 A노드을 중심으로 두 개의 소자가 연결된다. 따라서 A노드의 왼편에는 독립전압원이 연결되며, 오른편으로는 저항기가 연결된다. 그리고 각각의 소자의 반대편 끝에 위치한 노드가 한 노드(B노드)에서 만난다. 따라서 A, B노드를 중심으로 왼쪽으로 1번 브랜치, 오른쪽으로 2번 브랜치가 된다. 앞에서 설명한 대로 한 소자와 양 쪽 노드를 포함한 부분임을 확인할 수 있다. 마지막으로 루프는 완벽한 폐회로이므로 A노드와 독립전압원, B노드, 저항기를 지나 다시 A노드로 들어오는 폐회로가 루프(a루프)를 구성한다.

| **그림 1-6** | DC전원 공급장치

- **1** : 전류 조절 노브
- **2** : 전압 조절 노브
- **3**, **4**, **5** : 출력단자로서 양(+)극, 접지(GROUND)극, 음(−)극을 연결한다.
- **6** : 점퍼(Jumper) 혹은 점핑플레이트(Jumping Plate)라 하며 두 지점의 전위를 같게 만들어준다. 위의 그림과 같이 연결한 경우 접지극과 음극의 전압은 같게 만든다. 전압이란 두 노드 간의 전위차를 의미하며 10V 전압원의 경우 두 노드 간의 전위차를 10V로 유지하는 역할을 수행한다. 이는 절대적인 전압값이 아닌 두 노드의 상대적인 차이를 의미한다. 위와 같이 접지극과 음극을 점퍼로 연결하는 경우, 음극은 0V(대지전압)가 되고 양극은 10V가 된다.
- **7** : 5V, 3A의 전원을 공급하는 단자로, 전압 및 전류의 크기 조절이 불가능하다.
- **8** : C.C표시기와 L.V표시기, C.C는 Constant Current Mode를 의미하며 정전류원으로 동작하는 경우 표시된다. L.V는 Limiting Voltage를 의미하며 출력전압이 미리 설정해 놓은 전압 이상으로 높아지는 경우 표시된다.

(a) 프로브(Probe)

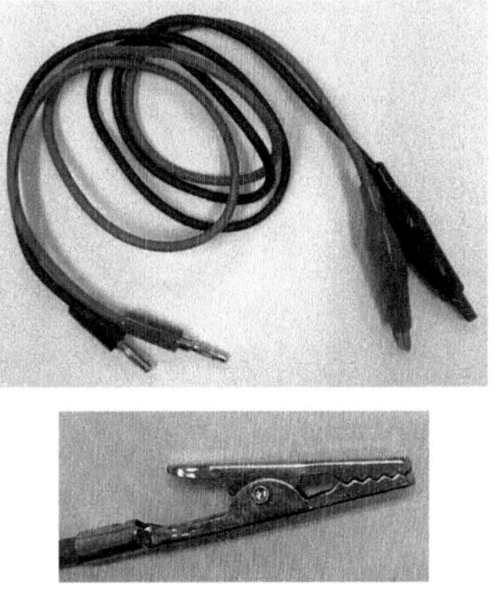
(b) 악어클립

| 그림 1-7 | 프로브와 악어클립

(5) 프로브와 악어클립

프로브(Probe)는 디지털 멀티미터에 연결되는 측정용 장비이다. 프로브의 한 쪽 끝은 디지털 멀티미터의 연결부 즉, [그림 1-3]의 1, 2, 3, 4에 삽입되며, 다른 끝은 뾰족한 바늘 모양으로 브레드보드 혹은 소자에 직접 접촉시킨다.

악어클립은 전압 혹은 전류 공급을 위해 회로에 고정시키는 장비이다. 악어클립의 한 쪽 끝은 프로브와 동일하게 삽입부로 되어 있으며, 다른 끝은 악어모양의 클립으로 회로에 고정시킨다.

프로브와 악어클립은 빨간색과 검정색으로 구분되는데 빨간색의 경우 양(+)극, 검정색의 경우 음(-)극을 의미한다. 검정색 프로브는 디지털 멀티미터의 COM단자([그림 1-3]의 1)에 연결하며, 검정색 악어클립은 DC전원 공급장치의 음(-)극 단자([그림 1-6]의 5) 혹은 그림과 같이 점퍼로 GROUND와 음극이 연결된 경우에는 GROUND단자나 음(-)극 단자([그림 1-6]의 4, 5)에 연결한다.

3 실험준비물

1) 브레드보드
2) DC전원 공급장치
3) 디지털 멀티미터
4) 임의의 탄소피복 저항기 5개
5) 도선 여러 개

4 실험과정

A. 브레드보드의 사용법

① 브레드보드 위에 5개의 저항기를 아래와 같이 연결한다.

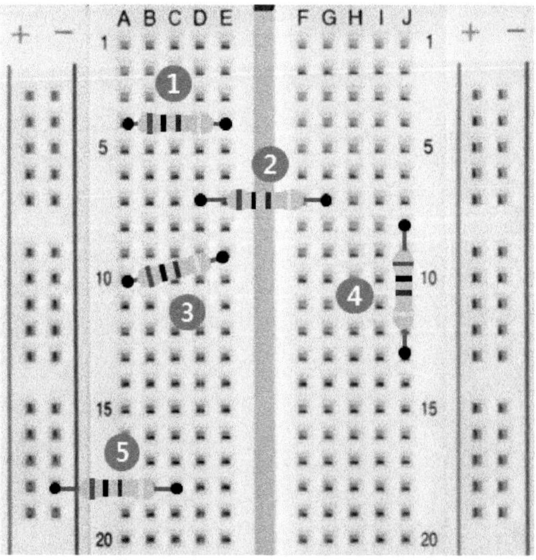

| 그림 1-8 | 브레드보드 사용법

② 측정을 하기 전에, 브레드보드에 잘못 연결된 저항기 하나를 찾아, [표 1-2]의 정상연결여부 판단 칸에 'X'표시를 한다.

③ 디지털 멀티미터를 켜고, 검정색 프로브를 1 단자에, 빨간색 프로브를 4 단자에 연결한다.

④ FUNCTION에서 저항측정(9 번 키)을 선택한다.

⑤ RANGE에서 2kΩ를 선택한다.

⑥ 1~5번까지의 저항을 측정해서 4. 실험결과의 [표 1-2]을 완성한다. 이 때 디스플레이에 보이는 유효숫자를 모두 적는다.

⑦ 이 때, 저항값이 '0'으로 읽히는 저항기가 잘못 연결된 것이다.

⑧ ②의 결과와 비교하고, 저항값이 '0'으로 측정되는 이유를 팀원들과 토론한다.

B. DC전원 공급장치의 사용법

① DC전원 공급장치의 전원이 'OFF'임을 확인한다.

② OUTPUT-A 측의 전압 조절 노브(2)를 반시계방향으로 완전히 돌린 후 전원을 'ON' 시킨다.

③ 전류 조절 노브(1)를 반시계방향으로 완전히 돌린 후 전압 조절 노브(2)를 서서히 시계방향으로 돌리면서 전압계에 변화되는 전압(최대전압 : 30V)을 실험결과의 [표 1-3] 최대전압 칸에 기록한다.

☞ **DC전압원 동작 여부 확인**

④ 전압 조절 노브(2)를 조절하여 출력전압을 5V로 맞춘다.

⑤ 출력단자를 아래의 그림과 같이 연결(3 과 5 를 연결)하고 전류계에 표시되는 전류(최대전류 : 3A)를 실험결과의 [표 1-3] 최대전류 칸에 기록한다.

☞ **DC진류원 동작 여부 확인**

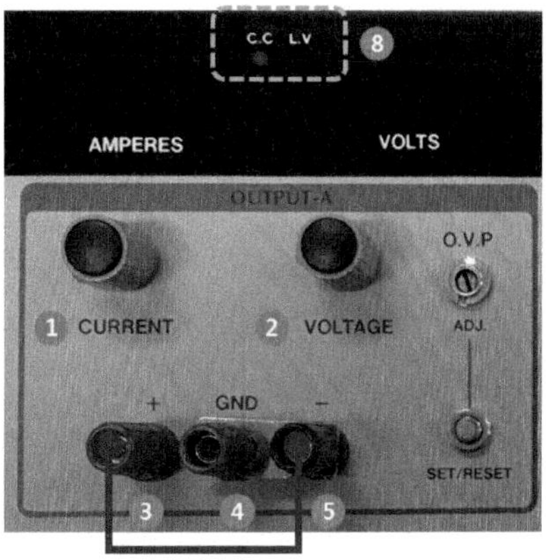

| **그림 1-9** | DC전원 공급장치 - 1

※ **이 때 전압계의 표시치는 '0'이 되고, C.C 램프가 점등된다.** 이는 정전류원(Constant Current Source)으로 정상 동작됨을 표시한다. 전압 인가 후 C.C 램프가 점등되는 경우가 있는데 이는 DC전류원으로 동작됨을 의미한다. 따라서 **DC전압원으로 사용 시에는 C.C 램프가 점등되지 않도록 한다.**

⑥ 전류 조절 노브(1)를 시계방향으로 돌리면서 C.C 램프의 점등 여부(실험결과의 [표 1-3])와 전류계의 전류값이 변화하는지 확인한다.

⑦ 전류 조절 노브(1)와 전압 조절 노브(2)를 반시계방향으로 완전히 돌린다.

⑧ OUTPUT-B에 대해서도 ② ~ ⑦번을 반복한다.

⑨ 실험을 종료한 후 전원을 'OFF'한다.

여기서 잠깐!! 출력전압 높이기!!

위에서 살펴본 바와 같이 해당 DC전원 공급장치의 OUTPUT-A와 OUTPUT-B가 출력할 수 있는 최대 DC전압은 각각 30V이다. 이는 장비의 스펙을 통해 확인가능하다. OUTPUT-A와 OUTPUT-B를 아래와 같이 직렬로 연결함으로써 출력전압을 60V까지 높일 수 있다.

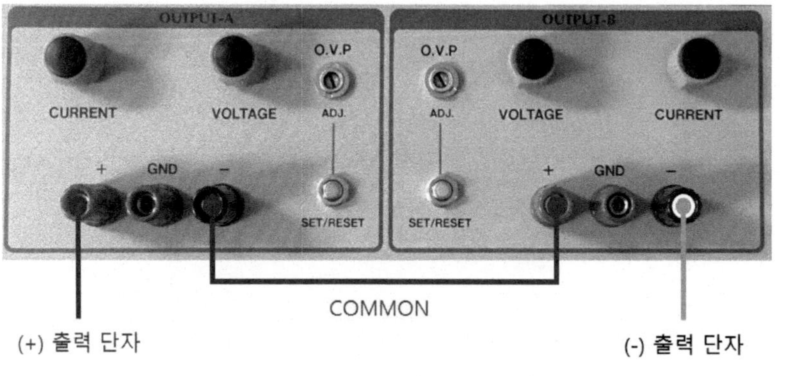

| **그림 1-10** | DC전원 공급장치 - 2

이 때 주의해야 할 것은 각 **출력단자에 점퍼가 반드시 제거**되어 있어야 한다. GROUND는 전압을 무조건 0V로 만들어 주고 중성선으로 전류를 흘려주기 때문에 두 출력단자 중 하나라도 점퍼가 제거되지 않은 경우, 60V 전압출력을 얻을 수 없을 뿐만 아니라 장비 손상으로 이어질 수 있다.

5 실험결과

A. 브레드보드의 사용법

| 표 1-2 | 브레드보드 사용법

저항 번호	정상연결여부 판단(O, ×)	측정 저항 [kΩ]
1번		
2번		
3번		
4번		
5번		

B. DC전원 공급장치의 사용법

| 표 1-3 | DC전원 공급장치 표시값

출력단자	최대 전압 [V]	최대 전류 [A]	C.C 램프 정상 점등여부(O, ×)
OUTPUT A			
OUTPUT B			

6 실험결과 검토

이번 실험을 통해 얻은 결론과 이론과의 비교, 실험 과정 중 팀원들과 논의했던 내용, 향후 실험을 더욱 발전적으로 수행하기 위한 개인적인 의견 등을 자유롭게 기술한다.

실험 02

직류회로 측정

1 실험 목적

- 저항기의 컬러코드(색띠) 읽는 법을 익힌다.
- 저항, 전압, 전류 측정을 위한 디지털 멀티미터의 사용법을 익힌다.
- 단일 저항기의 저항값 측정 및 저항의 직/병렬 연결에 대해 이해한다.
- 직류회로에서의 전압, 전류의 상관관계를 이해하고 전압, 전류 측정법을 익힌다.

2 이론적 배경

(1) 저항기의 컬러코드

저항(이후 본문에서 '저항'이라는 표현은 **저항기**(저항값을 갖는 회로소자, Resistor) 혹은 **저항값**(저항기가 갖는 저항치, Resistance [Ω])을 의미한다.)은 그 크기가 작으므로 몸체에 그려진 컬러코드를 통해 그 저항값을 표시한다. 컬러코드를 통해 해당 저항의 근사적인 저항값을 알 수 있으나, 정확한 저항값을 알기 위해서는 디지털 멀티미터로 측정해야 한다.

일반적으로 저항의 컬러코드(4색)는 저항값을 표시하는 3개의 컬러코드와 오차를 표시하는 1개의 컬러코드로 구성된다. 아래의 [그림 2-1]과 같이 오차를 표시하는 부분을 오른쪽으로 위치시키고 좌측의 컬러코드부터 읽으면 된다. 각 색깔이 의미하는 숫자는 [표 2-1]과 같다.

예를 들어 컬러코드가 '갈색-검정-빨강-은색' 인 경우, 갈색 '1', 검정 '0', 빨강 '2' 그리고 은색은 '±10%'를 의미하므로, 해당 저항의 저항값은 $10 \times 10^2 = 1{,}000\Omega = 1k\Omega$이고, ±10%의 오차를 가지므로 해당 저항은 900Ω에서 1,100Ω 사이의 저항임을 알 수 있다.

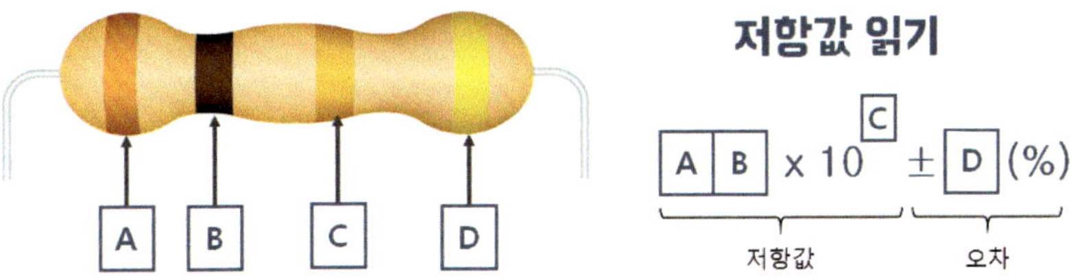

| **그림 2-1** | 저항기의 컬러코드 읽기

| **표 2-1** | 컬러코드의 의미

컬러코드 (색띠)		숫자	오차	컬러코드 (색띠)		숫자	오차
검정		0		파랑		6	
갈색		1	±1%	보라		7	
빨강		2	±2%	회색		8	
주황		3		흰색		9	
노랑		4		금색		-	±5%
녹색		5		은색		-	±10%

(2) 전기란 무엇인가?(전압, 전류, 저항의 의미)

전기회로 실험에 본격적으로 들어가기에 앞서 우리가 실험하고자 하는 대상인 **'전기'**에 대해 좀 더 자세히 살펴보고자 한다.

우리는 실생활 속에서 '전기를 아끼자!'라는 캠페인은 물론 '전기에 감전되었다.'라는 뉴스 등 전기에 대한 이야기를 쉽게 접할 수 있다.

그럼 여기에서 말하는 '전기(electricity)'란 과연 무엇일까? 먼저 전기의 실체와 성질에 대해 알아보자.

전기는 흐르는 걸까? 아니면 정지해 있는 걸까? 결론을 말하면 둘 다 정답이다. '전기'는 기본적으로 **'전위(electric potential)'**가 높은 곳에서 낮은 곳으로 흐르려는 성질을 지니지만, 전극 사이에 **'전로(electric path)'**가 형성되지 않은 경우 정지 상태로 머무를 수 있다. 이러한 상태를 '정전기(靜電氣, static electricity)'라 한다. 만일 전극 사이에 전로가 형성되면, 양극과 음극 사이에 전하의 흐름이 발생되며 이 상태를 '전기가 흐른다.' 혹은 '전류가 발생되었다.'라 한다.

우리가 겨울철에 많이 경험하는 정전기 현상과 번개(lightning)는 같은 원리에 의해 발생되는 현상이다. 주로 마찰에 의해 전자(electron)가 이동되는데, 전자를 잃으면 양전하로 대전이 되고, 전자를 얻으면 음전하로 대전이 된다. 이 경우 양(+)의 대전체에서 음(−)의 대전체로 전기가 흐를 수 있는 잠재력을 지니게 되고(역학에서 위치에너지를 중력에 대한 포텐셜에너지라 하는 것과 같은 원리임), 이를 '전위차가 발생되었다.'라고 한다. 이 때 우리의 몸이 접촉됨에 따라 전기의 흐름(순간적인 방전)을 경험하는 것이 바로 정전기현상이다. 번개의 경우도 이와 매우 유사하다. 번개는 보통 적란운(수직으로 발달한 소나기 구름)에서 발생하는데, 구름 내부의 작은 물방울이나 얼음 알갱이가 서로 움직이고 부딪히면서 전하가 발생한다. 물방울(얼음)은 음(−)전하로, 주위의 공기는 양(+)전하로 대전된다. 이렇게 대전된 음전하량이 많아진 상황에서 대지와 구름 사이의 저항(대기저항)이 충분히 큰 경우에는 두 전극이 공기에 의해 분리가 되어 정전기 상태로 유지된다. 비가 오면서 대기 중에 습도가 올라가고(대기저항이 낮아짐) 구름과 대지 간의 거리가 좁아지면서 전극을 분리하고 있던 대기저항이 깨지는 한계 상황이 발생하게 되면 번개가 치게 된다. 이것이 습도가 낮고 구름이 높은 맑은 날보다 습도가 높고 구름이 낮은 비 오는 날에 번개가 많이 치는 이유이다.

정전기와 번개의 차이라면 흐르는 전하의 량이 비교가 안 될 정도라는 것이다. 정전기의 경우 흐를 수 있는 음전하의 량이 적지만 번개의 경우, 구름에 쌓여있던 음전하의 량이 많기 때문에 위험하다.

이번에는 땅 위에 고인 물을 생각해 보자. 땅이 경사져 있다면 물은 경사면을 따라 흐를 것이고 땅이 평평하다면 고여 있을 것이다. 따라서 전기 역시 정지해 있을 수도 있고 어떤 방향(전위가 높은 곳에서 낮은 곳으로)으로 흐를 수도 있다.

전기(電氣, electricity)란 물질 안에 있는 전자 또는 자유전자의 움직임 때문에 생기는 에너지의 한 형태를 의미한다. 모든 물질은 양(+)전하(positive charge)와 음(−)전하(negative charge)로 구성이 되어 있다. 다시 말해서 물질을 구성하는 기본입자인 원자는 양의 전기적 성질(양극, positive polarity)을 갖는 원자핵(nucleus)과 음의 전기적 성질(음극, negative polarity)을 갖는 전자(electron)로 구성된다. 원자핵은 다시 전기적으로 양극을 띤 양성자(proton)와 전기적 중성을 띤 중성자(neutron)로 이뤄지므로 결과적으로 원자핵은 전기적으로는 양(+)의 극성을 띤다. 전자는 원자핵 주위에 분포되며 궤도전자라고 한다. 안정된 원자에서 양극의 원자핵과 음극의 전자가 전기적 힘의 평형 상태를 유지(이를 전자가 원자핵과의 인력에 의해 구속되었다라고 한다)하며, 전기적으로는 중성을 띤다. 안정된 원자의 궤도전자에 외부로부터 에너지를 주입하는 경우, 외부 에너지로 인해 궤도전자는 여기(excitation)되며, 일정 한계를 넘는 에너지가 주입되면 원자핵의 구속력으로부터 완전히 벗어나 자유전자 상태로 전리(ionization, 이온화)된다. 이럴 경우 외부로 탈출한 전자는 음극의 자유전자가 되고, 전자를 잃은 원자는 양극을 띠게 된다. 여기에서 '전자'와 '전공'이라는 개념이 생긴다. 즉, 전자(음극)와 전공(양극)이 결합되어 안정된 원자(중성)를 구성하다가 전자가 이탈하면서 이탈한 자리에 전공(양극)을 남기게 되고 전자(음극)가 외부에 생성된다. 이러한 관계에서 전자를 음전하(negative charge), 전공을 양전하(positive charge)라 일컫는다. 이렇게 음전하와 양전하가 생성되면 자유전자가 자유롭게 이동할 가능성을 갖게 된다. 즉, 전기가 흐를 수 있는 상태가 된 것이다. 자유전자의 양이 많을수록 전하량이 크고 이 때 단위는 쿨롱(C, Coulomb)을 사용한다.

음전하와 양전하 사이에는 전기적인 힘이 작용하게 되는데 같은 극성의 전하 사이에는 서로 밀어내는 힘, 즉, 척력이 작용하고, 다른 극성의 전하 사이에는 서로 당기는 힘, 즉, 인력이 작용한다. 위에서 말한 원자핵과 전자 간의 구속력이라고 함은 바로 다른 극성 간에 인력이 작용함을 의미한다.

위에서 전기는 정지해 있을 수도 있고 흐를 수도 있다고 했는데 정지해 있는 전하를 정전하(electrostatic charge)라고 하고 전하가 흐르는 상태를 전류(current)라고 한다. 음 혹은 양으로 대전되어 있던 물체에 모여 있던 정전하가 사람(도체)에 닿아 순간적으로 방전하는 현상이 바로 정전기이다. 이 때 정전하는 지속적으로 전하를 만들어 낼 수 없으므로 순간적으로 방전이 되면 다시 전기적인 중성을 띠게 된다. 다시 말해서 평평한 곳에 저장되어 있던 물이 경사를 만나 흐르게 되어 저장되어 있던 물이 다 소진되게 되면 더 이상 물이 흐를 수 없는 것과 같은 이치이다.

결국 회로를 따라 지속적으로 흐를 수 있는 전하를 만들어 낼 수 있는 장비가 바로 발전기(혹은 전원, 전지)인 것이다. 물의 경우로 생각해보면 물이 흐를 수 있도록 계속 물을 공급해주는 장치를 의미한다.

그렇다면 전기를 흐르게 하는 원동력은 무엇일까? 다시 말해서 평지의 물을 흐를 수 있게 하는 건 무엇인가?

물은 중력에 의해 높은 곳에서 낮은 곳으로 흐르게 된다. 높은 곳과 낮은 곳의 절대적인 고도가 중요한 것이 아니고, 높은 곳과 낮은 곳의 고도차에 의해 물이 흐르게 된다. 즉, 역학적으로 물이 흐르게 하는 원동력은 위치에너지(potential energy)이다. 다시 말해서, 중력계에서 '높이'라는 것은 모든 물체가 잠재적인 에너지를 갖게 하는 원동력을 의미한다. 이러한 높이의 역할을 하는 것이 바로 '전압(Voltage)'이다. 전압이라 함은 해당 지점의 전기적 포텐셜을 의미하고, 전기가 두 지점 사이를 흐를 수 있도록 하는 것(두 지점 간에 전류를 발생시키는 것)은 두 지점 간의 상대적 전압 크기의 차, 즉, 전위차 (Potential Difference)이다.

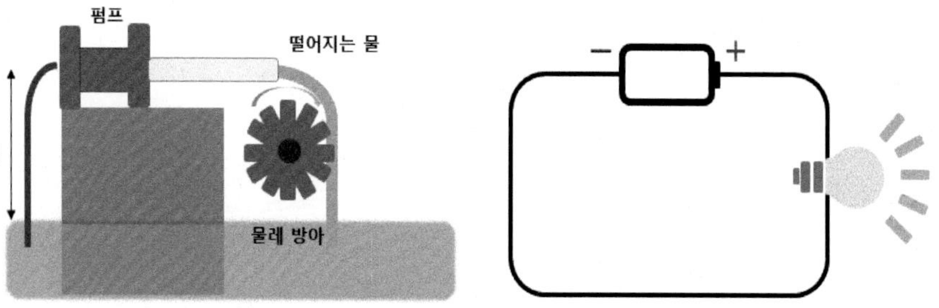

| 그림 2-2 | 물의 흐름과 전류의 관계

그렇다면 높이가 서로 다른 두 지점에서, 높은 곳에서 낮은 곳으로 물이 흐르는 것은 전압의 크기가 다른 두 지점에서 전류가 발생하는 것과 동일한 원리이다. 그렇다면 전기의 흐름(전류, 電流)은 무엇인가? 전류(current)는 실제로 음전하(자유전자)의 흐름을 의미한다.

전기적 양극과 전기적 음극(다시 말해서 전위가 높은 곳을 양(+)극, 전위가 낮은 곳을 음(−)극이라 한다)을 도선(즉, 음전하가 흐를 수 있는 통로 역할, 電路)으로 잇고, 음전하를 올려놓으면 전기적 양극과는 인력이 전기적 음극과는 척력이 발생하여 음전하는 음극에서 양극의 방향으로 움직이게 된다. 여기에서 음전하(전자)의 흐름이 발생하는데, 전류가 흐르는 방향은 음전하의 이동방향의 반대방향으로 정의하면 우리가 생각하는 물의 흐름과 같게 되어 이해하기가 쉽다.

전기의 흐름, 즉, 전류의 방향은 음전하가 움직이는 방향의 반대 방향임을 기억하자.

그렇다면 정말로 음전하가 움직이는 건가? 음전하의 움직임을 우리가 인지할 수 있는가?

음전하의 이동속도는 진공에서 초속 300,000km인 광속으로 움직인다. 결과적으로 음전하의 흐름은 매우 빨라 우리가 그 움직임을 인지하기는 힘들지만 실제로 음전하는 움직인다. 물의 흐름과 같이 전기의 흐름을 인지하는 것이 거의 불가능하다. 하지만 '전류는 양극(+)에서 음극(−)으로 흐른다.'라고 물의 흐름 방향과 같이 설정해서 개념적으로 생각하면 전기회로를 이해하는 데 도움이 될 것이다.

전압과 전류를 이해하면 그 다음은 저항(Resistance, R)을 이해할 차례이다. 전압은 전하를 흐르게 만드는 즉, 전류를 만드는 원동력이다. 그렇다면 저항은 무엇인가? 말 그대로 저항은 무언가를 막는다, 방해한다는 의미이다. 전류를 방해하는 정도가 바로 저항이다. 그렇다면 저항이 크면 전기는 잘 흐를 수 있을까? 저항이 클수록 전하의 흐름을 방해하는 힘이 커지므로 전류는 작아진다. 다시 말해서, 물을 흐르게 하는 두 지점의 높이가 일정할 때 물이 흐르는 통로 즉, 수도관의 반경이 작으면 물의 흐름이 늦어지게 되어 높은 곳의 물이 낮은 곳으로 느린 속도로 이동하게 된다.

물체의 전기저항은 다음과 같이 구할 수 있다.

$$R = \rho \frac{l}{A} \tag{식 2.1}$$

여기에서 R은 저항(혹은 저항치)이고, A는 도체의 단면적, l은 도체의 길이, ρ는 비저항을 의미한다. 비저항은 도체가 갖는 고유한 저항으로 도체를 구성하는 물질에 의해 결정되며, 비저항(단위 : Ω · cm)이 클수록 부도체에 가깝다. 또한 도체의 단면적이 클수록 저항은 줄어들고, 도체의 길이가 길수록 저항은 커진다. 즉, 어떤 물체의 고유적인 성질인 비저항이 클수록, 전기가 흘러야 하는 길이가 길수록, 단면적이 작을수록 물체의 전기저항은 커진다.

또한 전기는 저항이 높은 쪽보다 낮은 쪽으로 더 많이 흐른다. 예를 들어 자동차를 운전하다가 두 길의 갈림길을 마주쳤다. 한 쪽은 차가 꽉 막힌 길이고 다른 한 쪽은 차가 없는 텅 빈 도로이다. 운전자는 어느 길로 가려할까? 당연히 차가 없는 텅 빈 도로로 진입할 것이다. 전기도 마찬가지다. 전류가 전로를 따라 흐르다가 두 갈래로 갈라지는 경우(후에 이런 경우를 단일노드회로라 함.) 저항이 작은 쪽으로 큰 전류가 흐르게 된다. 수학적으로 저항(R)은 전압(V)과 전류(I)의 함수관계에서 원점을 지나는 1차 함수(선형 함수)의 1차 계수를 의미하며, 전류의 변화에 대한 전압의 변화로 이해할 수 있다. 이러한 관계식을 '오옴(Ohm)의 법칙'이라 하고, 이 부분에 대해서는 3장에서 더 자세히 다룰 예정이다.

이제 우리는 전압과 전류, 저항에 대한 개념을 이해하였다. 이는 앞으로 공부하게 될 전기공학 이론의 가장 기초가 되는 개념이므로 꼭 이해하도록 하자. 외우지 말고 이해하자.

(3) 직류(DC, direct current)와 교류(AC, alternative current)

전기회로는 크게 직류회로(DC circuit)와 교류회로(AC circuit)로 구분된다. 회로소자 양단의 전위차가 일정한 경우, 단자전압은 일정하고 소자에 흐르는 전류 역시 일정하게 유지된다. 이를 직류(DC, Direct Current)라 한다. 만일 소자 양단의 전위차가 시간에 따라 변하는 경우, 즉 단자전압의 크기가 변하거나 극성이 변하면, 그에 따라 소자에 흐르는 전류의 크기와 방향이 변하는데 이를 교류(AC, Alternative Current)라 한다.

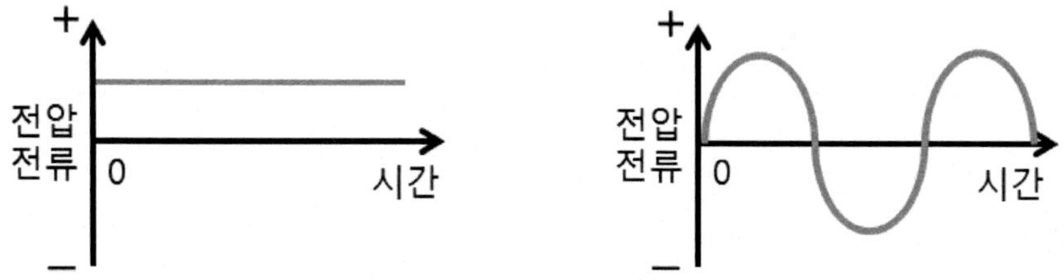

(a) 직류(DC)의 전압/전류 파형 (b) 교류(AC)의 전압/전류 파형

| **그림 2-3** | 직류(DC)와 교류(AC)

3 실험준비물

1) DC전원 공급장치
2) 디지털 멀티미터(DMM)
3) 서로 다른 저항기 8개
4) 10kΩ 가변 저항기
5) 브레드보드와 도선

4 실험과정

A. 저항의 측정

① 서로 다른 저항기 8개를 선택하고, 각 저항의 컬러코드를 읽어 [표 2-2]의 '○번째 띠 색', '허용오차(%)' 란에 기록한다. 컬러코드를 통해 결정된 저항값을 [표 2-2]의 '정격저항값'에 기록한다.

② [그림 2-4]의 '저항R측정'과 같이 DMM의 저항계를 이용해 저항기의 저항을 측정하여 [표 2-2]의 '측정저항값'에 기록한다.

저항 측정을 위한 디지털 멀티미터의 세팅

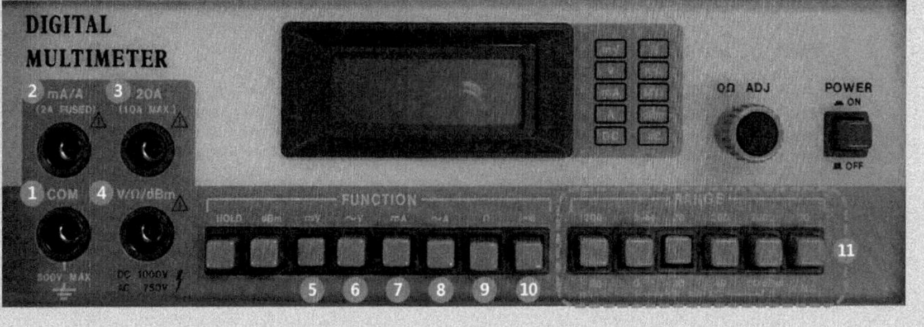

(1) 디지털멀티미터의 전원을 ON시킨다.
(2) 검정색 프로브를 1 번 단자에, 빨간색 프로브를 4 번 단자에 연결한다.
(3) FUNCTION부의 9 번 버튼을 선택한다.
(4) RANGE부의 범위를 적절하게 선택한다.
(디스플레이부에 측정값의 소숫점 이하 유효숫자가 가장 많이 보이도록 선택)

여기서 잠깐!! 오차율 계산하기!!

모든 측정값에는 오차(error)가 발생한다. 오차를 평가하는 방법은 절대오차와 상대오차로 구분된다. 절대오차(absolute error)는 참값(x)과 측정값(x_i)의 차이로 계산된다.

$$\text{절대오차} = |\,\text{참값} - \text{측정값}\,| = |x - x_i| \quad \cdots (1)$$

상대오차(relative error)는 기준값에 대한 오차의 상대적인 크기를 의미한다. 이 경우 기준값은 무엇이 되어야 할까? 측정하는 대상의 참값을 아는 경우에는 참값(x)을 기준값으로 사용하고, 참값을 모르는 경우에는 근사값($\hat{x}$)을 기준값으로 사용한다.

$$\text{상대오차} = \frac{\text{절대오차}}{\text{기준값}} = \frac{|\,\text{기준값} - \text{측정값}\,|}{\text{기준값}} = \frac{|x - x_i|}{x} \text{ or } \frac{|\hat{x} - x_i|}{\hat{x}} \quad \cdots (2)$$

백분율 상대오차(percent relative error)의 경우 상대오차를 백분율로 표현한 것이다.

$$\text{백분율 상대오차} = \frac{\text{절대오차}}{\text{기준값}} \times 100 = \frac{|\,\text{기준값} - \text{측정값}\,|}{\text{기준값}} \times 100$$
$$= \frac{|x - x_i|}{x} \times 100(\%) \text{ or } \frac{|\hat{x} - x_i|}{\hat{x}} \times 100(\%) \quad \cdots (3)$$

본 교재에서 언급하는 **오차율**은 **백분율 상대오차(%)**를 뜻한다.

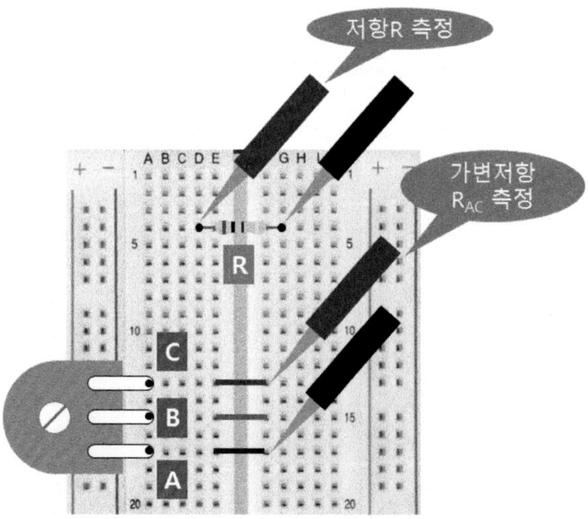

| **그림 2-4** | 브레드보드를 이용한 저항의 측정

③ 저항기의 '측정저항값'과 '정격저항값'을 이용해 오차율을 계산한 후, [표 2-2]의 '오차율'에 기록한다.

④ 도선을 일정 길이로 자른 후 도선의 저항값과 임의로 선택한 저항기의 저항값을 측정하여 [표 2-3]에 기록한다.

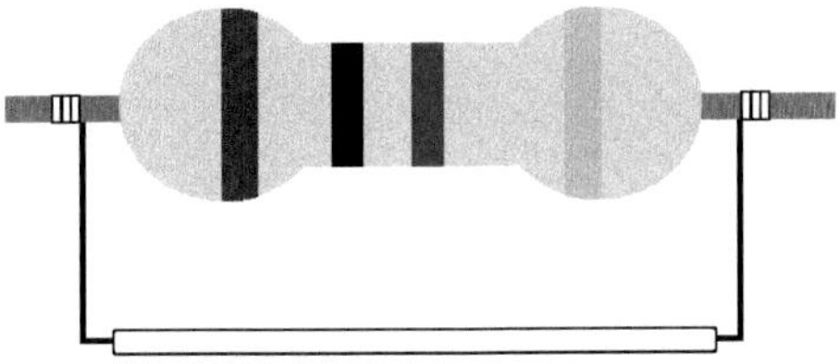

| 그림 2-5 | 저항기 단락회로

⑤ [그림 2-5]처럼 저항기와 도선을 연결한 후, 저항 값을 측정하여 [표 2-3]에 기록한다.

⑥ ⑤의 결과가 나오게 된 이유에 대해 팀원들과 토의하고, 저항과 브레드보드를 이용하여 동일한 결과가 나오는 회로(등가회로)를 구성해본다.

⑦ [그림 2-6]의 가변 저항기의 조절노브를 반시계 방향으로 완전히 돌린 후, [그림 2-4]의 '가변저항 측정'과 같이 R_{AB}, R_{BC} , R_{AC} 의 저항 값을 측정하여 [표 2-4]에 기록한다.

⑧ 단자 B와 C사이에 저항계를 연결하고, 가변 저항기의 축을 돌리면서(중간 위치를 임의로 2개 설정) 저항값의 변화를 확인한다.

⑨ 가변 저항기의 축을 시계 방향으로 완전히 돌린 후, R_{AB} , R_{BC} , R_{AC}의 저항 값을 측정하여 [표 2-4]에 기록한다.

⑩ 가변저항기의 작동원리에 대해 팀원들과 토의한다.

⑪ 임의의 물체(소지품, 학용품 등) 5개를 선택하여 각각의 저항을 측정한 후 [표 2-5]에 기록한다.

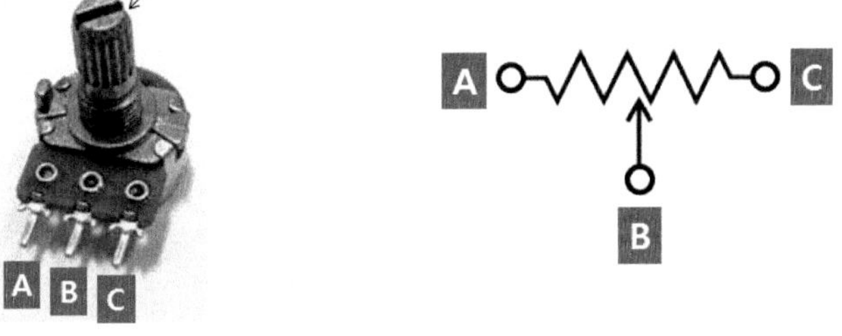

| 그림 2-6 | 가변저항기

B. 직류전압의 측정

전압 측정을 위한 디지털 멀티미터의 세팅

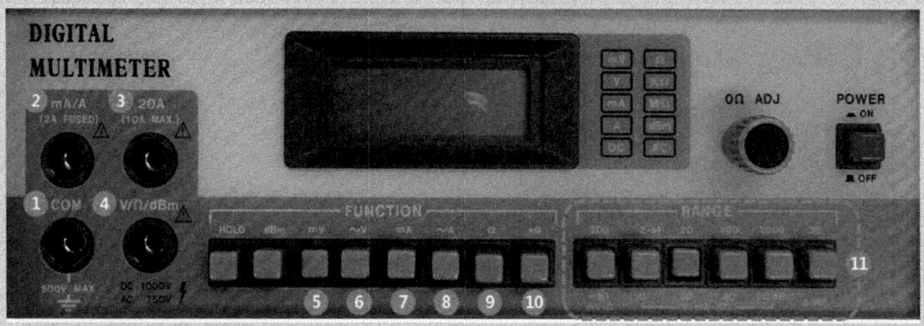

(1) 디지털멀티미터의 전원을 ON시킨다.
(2) 검정색 프로브를 1번 단자에, 빨간색 프로브를 4번 단자에 연결한다.
(3) FUNCTION부의 5번 버튼을 선택한다.
(4) RANGE부의 범위를 적절하게 선택한다.
(디스플레이부에 측정값의 소수점 이하 유효숫자가 가장 많이 보이도록 선택)

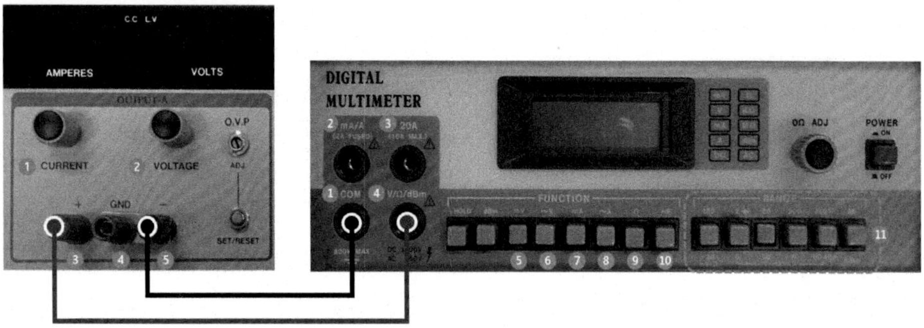

| **그림 2-7** | DC전원 공급장치의 전압 측정을 위한 연결

① [그림 2-7]과 같이 DC전원 공급장치의 출력단자와 전압계의 프로브를 연결한다. 이 때, 전압계의 빨간색 프로브는 DC전원 공급장치의 (+)단자에, 전압계의 검정색 프로브는 DC전원 공급장치의 (-)단자에 연결한다.

② DC전원 공급장치의 전압을 서서히 증가시켜 출력 전압이 10V가 되도록 조절한다.

③ 전압계(디지털 멀티미터의 전압측정 시)의 RANGE부(11)의 전압범위를 변화(200mV~2000V)시키면서 디스플레이에 표시되는 전압값을 확인하고 [표 2-6]에 기록한다. 이 때, 전압계가 전압을 측정하지 못하면 "no indication"으로 기록한다.

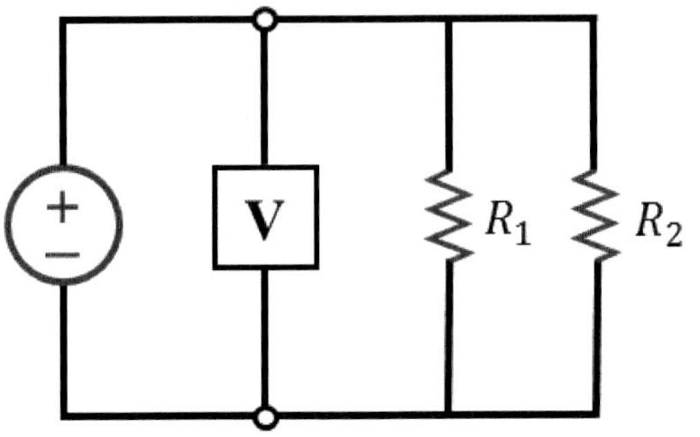

| 그림 2-8 | DC전압 측정회로

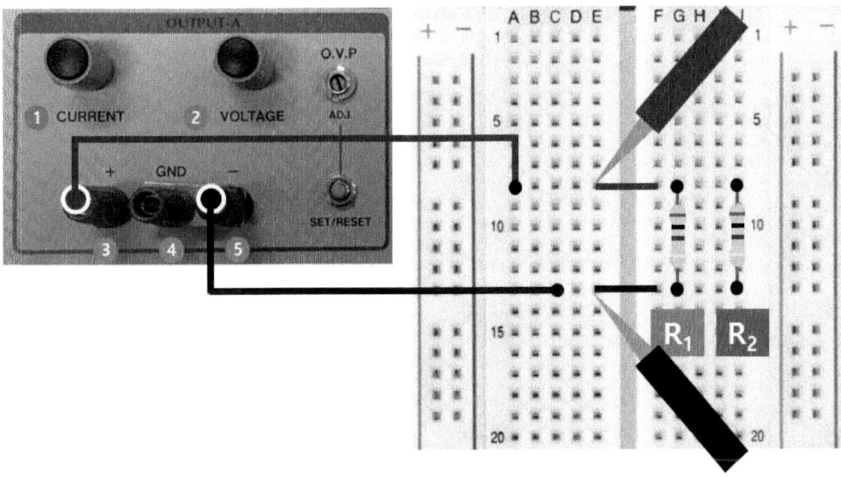

| 그림 2-9 | DC전압 측정회로의 구성

④ [그림 2-8]과 같이 회로를 구성한다. (회로 상 전압계의 연결 위치에 주목할 것!! 병렬로 측정) [그림 2-9]는 아직 회로 구성에 익숙하지 않은 학생들의 이해를 돕기 위해 DC전원 공급장치, 저항, 도선의 연결 및 디지털 멀티미터(전압계)의 프로브 위치를 보여주고 있다.

⑤ DC전원 공급장치의 출력 전압을 0~15V 사이에서 임의로 설정하고, 실험이 끝날 때 까지 출력 전압을 유지시킨다.

⑥ 회로에서 저항기를 모두 제거한 후, 전압을 측정하여 [표 2-7] 1번 항에 기록한다.

⑦ 회로에 임의의 저항 R_1을 추가한 후, 전압을 측정하여 [표 2-7] 2번 항에 기록한다. 전압계 프로브의 위치를 바꿔서 측정하고, 이 때 전압계의 측정전압의 부호가 '-'로 표시됨을 확인한다.

⑧ 회로에 임의의 저항 R_2를 추가한 후, 전압을 측정하여 [표 2-7] 3번 항에 기록한다.

⑨ 회로에서 R_1을 제거한 후, 전압을 측정하여 [표 2-7] 4번 항에 기록한다.

⑩ [표 2-7]의 결과에 대해 팀원들과 토론한다.

C. 직류전류의 측정

전류 측정을 위한 디지털 멀티미터의 세팅

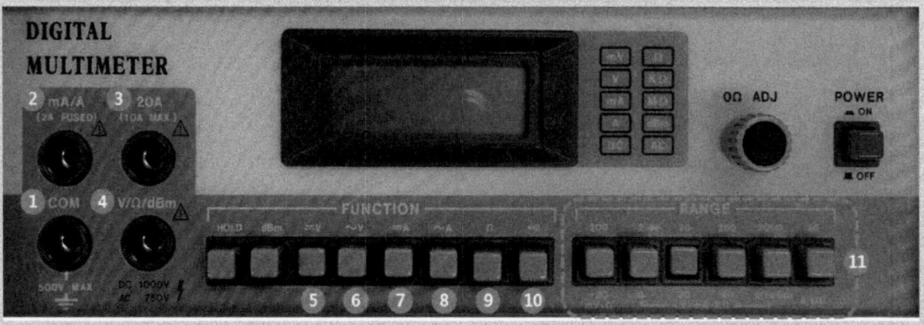

(1) 디지털멀티미터의 전원을 ON시킨다.
(2) 검정색 프로브를 1번 단자에, 빨간색 프로브를 2 혹은 3번 단자에 연결한다.
(이 때 측정전류의 대략적인 값을 예상해야 한다. 수 kΩ저항으로 구성된 회로에 수~수십 V가 인가된 경우, mA 대의 전류가 흐르므로 2번 단자에 연결하면 된다. 2~20A 정도의 전류가 흐르는 경우는 본 전기회로실험에서 접할 일이 없도록 실험을 구성할 것이다.)
(3) FUNCTION부의 7번 버튼을 선택한다.
(4) RANGE부의 범위를 적절하게 선택한다.
(디스플레이부에 측정값의 소숫점 이하 유효숫자가 가장 많이 보이도록 선택)

① 임의의 저항 3개를 선택하여 [그림 2-10]과 같이 회로를 구성한다. (회로 상 전류계의 연결 위치에 주목할 것!! 직렬로 측정)
[그림 2-11]과 [그림 2-12]는 아직 회로 구성에 익숙하지 않은 학생들의 이해를 돕기 위해 DC전원 공급장치, 저항, 도선의 연결 및 디지털 멀티미터(전류계)의 프로브 위치를 보여주고 있다. 앞으로 회로 구성에 익숙해져야 하므로 [그림 2-10]과 같은 회로로만 보여줄 것이다.

② 각 저항의 저항값을 측정하여 [표 2-8]에 기록한다.

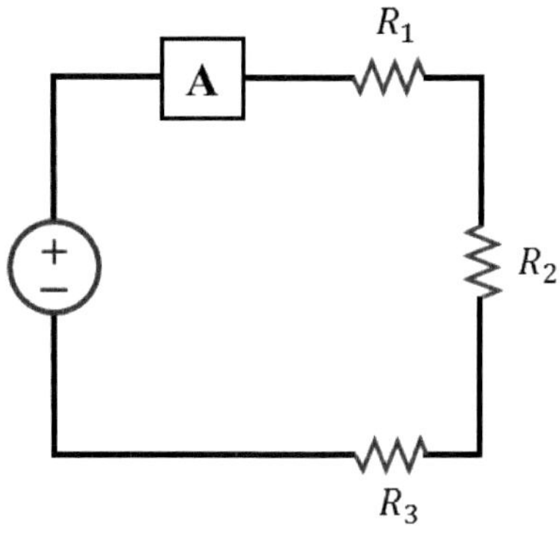

| **그림 2-10** | DC전류 측정회로

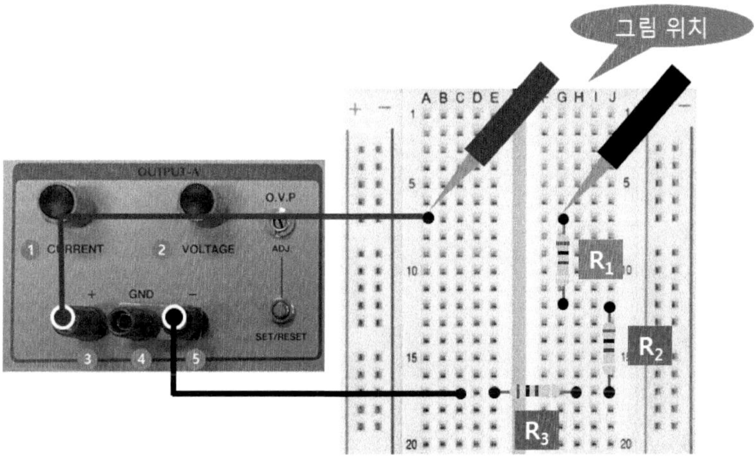

| **그림 2-11** | DC전류 측정회로의 구성 – 1([그림 2-10]의 측정 위치)

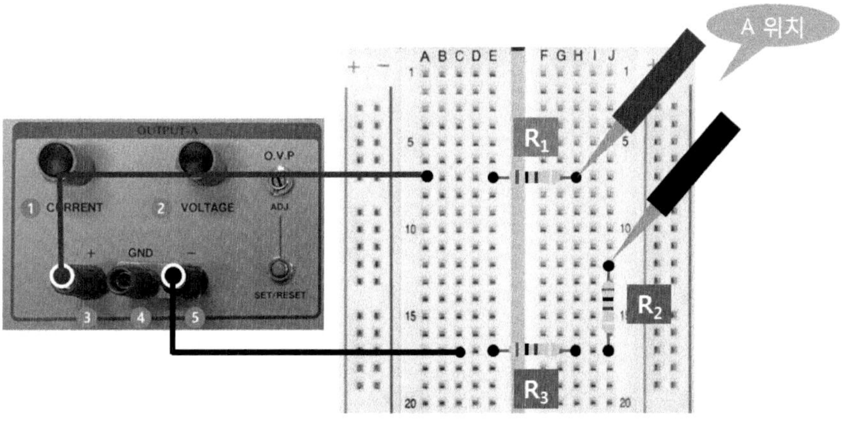

| **그림 2-12** | DC전류 측정회로의 구성 – 2([그림 2-10]의 A에서의 측정 위치)

③ DC전원 공급장치의 전압이 10V가 되도록 조절한다.

④ [그림 2-10]과 같이 회로를 구성한 후, 그림의 위치에서 전류계를 이용하여 전류값을 측정([그림 2-11] 참조)하고 [표 2-8]에 기록한다.

⑤ 전원 공급회로를 개방한 후, 전류계의 위치를 A(저항 R_1과 R_2 사이)로 바꾸고, 전류값을 측정([그림 2-12] 참조)하여 [표 2-8]에 기록한다.

⑥ 전원 공급회로를 개방한 후, 전류계의 위치를 B(저항 R_2와 R_3 사이)로 바꾸고, 전류값을 측정하여 [표 2-8]에 기록한다.

⑦ 전원 공급회로를 개방한 후, 전류계의 위치를 C(저항 R_3과 전압원 사이)로 바꾸고, 전류값을 측정하여 [표 2-8]에 기록한다.

⑧ DC전원 공급장치의 출력전압을 8V로 조절한 후, 전류값을 측정하여 [표 2-9]에 기록한다. 이 때 전류계의 위치는 위의 ④~⑦번의 결과(즉, [표 2-8])을 통해 결정한다.

⑨ DC전원 공급장치의 출력전압을 6V로 조절한 후, 전류값을 측정하여 [표 2-9]에 기록한다.

⑩ DC전원 공급장치의 출력전압을 4V로 조절한 후, 전류값을 측정하여 [표 2-9]에 기록한다.

⑪ DC전원 공급장치의 출력전압을 2V로 조절한 후, 전류값을 측정하여 [표 2-9]에 기록한다.

⑫ DC전원 공급장치의 출력전압을 0V로 조절한 후, 전류값을 측정하여 [표 2-9]에 기록한다.

⑬ 위에서 얻은 결론에 대해 팀원들과 토론한다.

5 실험결과

A. 저항의 측정

| 표 2-2 | 저항기의 색코드와 측정 값

	저항기							
	R_1	R_2	R_3	R_4	R_5	R_6	R_7	R_8
첫 번째 띠 색								
두 번째 띠 색								
세 번째 띠 색								
네 번째 띠 색								
허용 오차, [%]								
정격저항값, [kΩ]								
측정저항값, [kΩ]								
오차율, [%]								

| 표 2-3 | 단락된 저항기 측정

도선의 저항값, [kΩ]	사용된 저항값, [kΩ]	실험 A-⑤에서 측정된 저항값, [kΩ]	브레드보드를 이용한 등가회로의 구성
			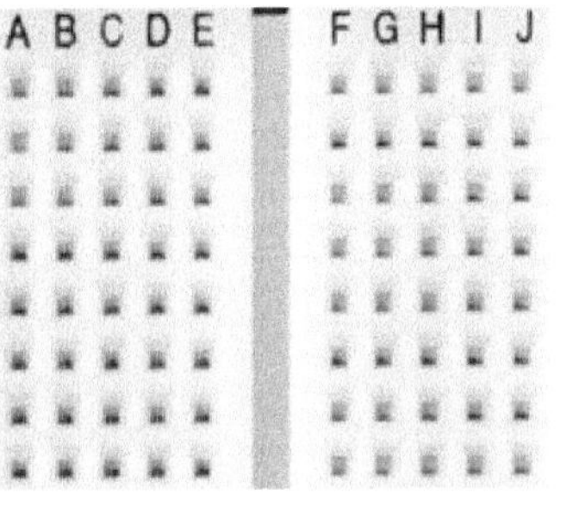

| 표 2-4 | 가변 저항기 측정

가변 저항기 축	R_{AB}, [kΩ] ①	R_{BC}, [kΩ] ②	R_{AC}, [kΩ] ③	$R_{AB}+R_{BC}$, [kΩ] ④	오차율, [%] |③-④|/③*100
반시계 방향(끝)					
중간 위치 1					
중간 위치 2					
시계 방향(끝)					

| 표 2-5 | 물체의 저항

물건명	측정저항값 [kΩ]

B. 직류전압의 측정

| 표 2-6 | 전압 범위에 따른 전압 측정

DC전원 공급장치의 전압, [V]	전압 범위	디스플레이의 표시값, [V]
	200 mV	
	2 V	
	20 V	
	200 V	
	2000 V	

| 표 2-7 | 전압의 측정

	R_1, [kΩ]	R_2, [kΩ]	측정전압, [V]	인가전압과 측정전압의 오차율, [%]
1번	제거	제거		
2번	연결	제거		
3번	연결	연결		
4번	제거	연결		

C. 직류전류의 측정

| 표 2-8 | 전류계 위치에 따른 전류 측정

저항	측정 저항값, [kΩ]	전류계 위치	측정 전류, [mA]
R_1		그림 2-10의 위치	
R_2		A	
R_3		B	
		C	

| 표 2-9 | 인가전압에 따른 전류 측정

인가전압, [V]	측정 전류, [mA]
8	
6	
4	
2	
0	

6 실험결과 검토

이번 실험을 통해 얻은 결론과 이론과의 비교, 실험 과정 중 팀원들과 논의했던 내용, 향후 실험을 더욱 발전적으로 수행하기 위한 개인적인 의견 등을 자유롭게 기술한다.

실험 03

기본 저항회로

1 실험 목적

- 저항 양단의 전압과 저항에 흐르는 전류의 관계(옴의 법칙)를 이해한다.
- 저항의 직병렬 연결에 대해 이해한다.

2 이론적 배경

(1) 옴의 법칙(Ohm's Law)

저항으로 인해 저항 양단의 전압(V_R)과 저항에 흐르는 전류(I_R)는 일차함수의 관계를 갖게 된다. 즉, 입력과 출력, 원인과 결과의 개념이 생기는 것이다. 전압이 일정할 때 전기저항이 크면 전류가 작아진다. 이를 옴의 법칙(Ohm's law)라 한다. 다시 말해서 옴의 법칙에 따르면 저항 양단의 전압은 저항에 흐르는 전류에 정비례하는 관계를 갖는다. 여기에서 비례계수가 바로 저항(R)이다.

저항 양단의 전압(V_R)과 저항에 흐르는 전류(I_R)는 아래와 같은 수식으로 표현된다.

$$V_R = RI_R \quad \text{(식 3.1)}$$

우리가 익히 알고 있는 일차함수의 형식($y = ax$)을 보인다.

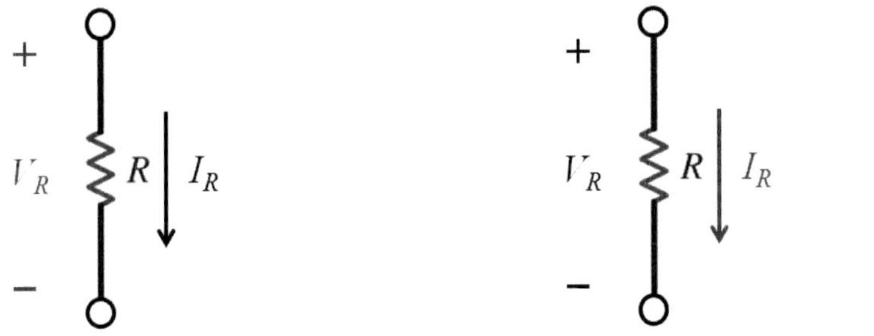

(a) 전류 인가 시, $V_R = RI_R$ (b) 전압 인가 시, $I_R = \frac{1}{R} V_R$

| **그림 3-1** | 저항에서 전압과 전류와의 관계

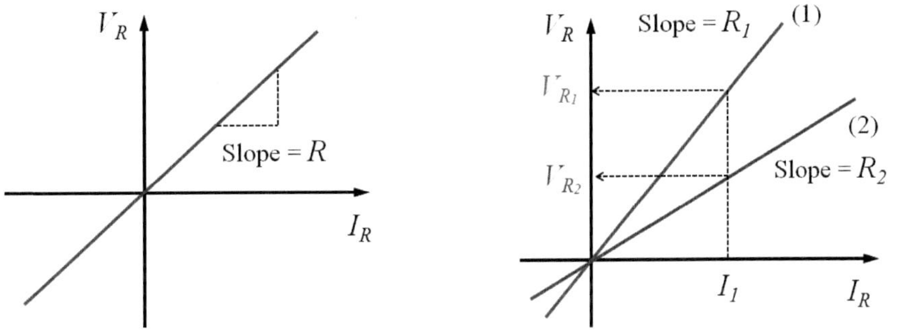

| **그림 3-2** | 옴의 법칙(Ohm's law)

(식 3.1)의 의미를 다시 한 번 살펴보면, [그림 3-1]의 (a)와 같은 상황으로 입력(독립변수)은 I_R이고 출력(종속변수)은 V_R이다. 이는 저항에 임의의 전류 I_R을 흘리면 저항의 양단에 V_R만큼의 전압이 나타남을 의미한다. 그러한 일차함수적인 관계는 [그림 3-2]의 (a)와 같이 직선의 그래프로 표현된다. 이 때 직선의 기울기는 저항의 크기를 의미한다. 이러한 일차함수의 관계로 인해 저항에 흐르는 전류(I_R)가 증가하면 저항 양단에 걸리는 전압(V_R)이 증가하고, 전류가 감소하면 그에 비례해서 전압이 감소하게 된다. 또한 전류의 방향이 바뀌면($I_R < 0$) 전압의 부호(극성)가 바뀐다($V_R < 0$)는 사실도 알 수 있다.

나아가 동일한 전류에 대해서 R의 크기를 변화($R_1 > R_2$)시키는 경우를 생각해보자. 즉, [그림 3-1]의 (b)와 같이 저항값이 큰 저항(R_1)과 작은 저항(R_2)에 동일한 크기의 전류(I_1)를 흘리는 경우이다. 그 결과는 아래와 같이 결정된다.

$$\begin{aligned} V_{R_1} &= R_1 I_1 \\ V_{R_2} &= R_2 I_1 \end{aligned} \quad \rightarrow \quad V_{R_1} > V_{R_2} \left(\because R_1 > R_2 \right) \qquad \text{(식 3.2)}$$

(식 3.1)은 아래의 (식 3.3)과 같이 표현할 수도 있다.

$$I_R = \frac{1}{R} V_R = G V_R \qquad \text{(식 3.3)}$$

(식 3.1)과 같이 해석을 해보면 [그림 3-1]의 (b)와 같은 상황으로 입력(독립변수)은 V_R이고 출력(종속변수)은 I_R이 된다. 이는 저항 양단에 V_R의 전압을 인가하면 저항에 I_R만큼의 전류가 흐름을 의미한다. 이 관계에서는 전압과 전류는 $1/R$ 에 비례하게 되는데, 이는 일정한 전압에 대해 저항(R)이 클수록 전류(I_R)가 작아짐을 의미한다. 저항(Resistor)의 의미가 전류의 흐름을 막는다(resist, 저항하다)는 점을 상기해 볼 때, 큰 저항일수록 전류가 흐르는 걸 방해하는 성분이 크므로 전류량이 작아짐을 알 수 있다. 그와 반대로 $1/R$을 즉 G (컨덕턴스, conductance, 단위: Siemens)라 하는데, 이름에서 알 수 있듯이 전류를 잘 흐르게 하는 성질을 뜻한다.

(식 3.2)와 같이 동일한 전압에 대해서 R의 크기를 변화($R_1 > R_2$)시키는 경우를 생각해보자. 즉, 저항값이 큰 저항(R_1)과 작은 저항(R_2)의 양단에 동일한 크기의 전압(V_1)을 인가하는 경우이다. 그 결과는 아래와 같이 결정된다.

$$\begin{aligned} I_{R_1} &= \frac{1}{R_1} V_1 \\ I_{R_2} &= \frac{1}{R_2} V_1 \end{aligned} \quad \rightarrow \quad I_{R_1} < I_{R_2} \left(\because R_1 > R_2 \right) \qquad \text{(식 3.4)}$$

(2) 저항의 직렬연결(Series Connection of Resistors)

저항의 직렬연결이란 아래의 [그림 3-3]과 같이 두 개 이상의 저항을 연결할 때 저항의 두 단자(ⓐ, ⓑ 단자) 중 하나(ⓑ 단자)가 다른 저항의 한 단자(ⓒ 단자)와 맞물리도록 연결하는 경우를 의미한다. 즉, ⓑ 단자와 ⓒ 단자는 같은 단자가 된다.

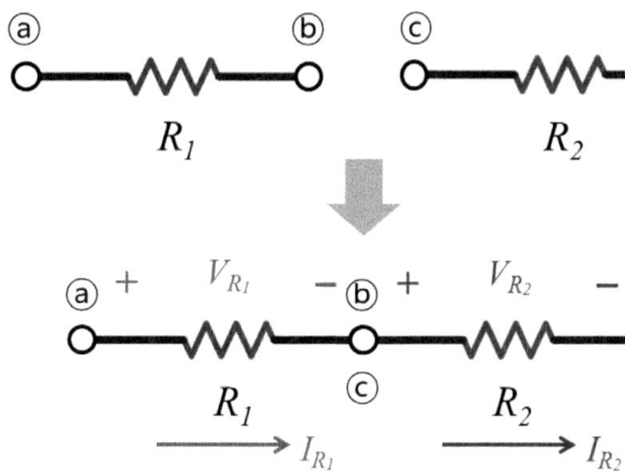

| 그림 3-3 | 저항의 직렬연결

이 때 각 저항 R_1과 R_2의 양단에 걸린 전압과 흐르는 전류를 생각해보자. R_1 양단(즉, ⓐ, ⓑ 단자)의 전압 V_{R_1}과 전류 I_{R_1}, R_2 양단(즉, ⓑ, ⓓ 단자)의 전압 V_{R_2}과 전류 I_{R_2}를 관찰하면 아래의 사항을 직관적으로 이해할 수 있다.

(1) 저항 R_1에 흐르는 전류와 저항 R_2에 흐르는 전류는 같다. 즉, $I_{R_1} = I_{R_2}$이다.

(2) ⓐ 단자는 ⓑ 단자에 비해 V_{R_1}만큼 높고, ⓑ 단자는 ⓓ 단자에 비해 V_{R_2}만큼 높으므로, 결과적으로 ⓐ 단자는 ⓑ 단자에 비해 $V_{R_1} + V_{R_2}$만큼 높다. 즉, ⓐ 단자와 ⓑ 단자의 전위차는 $V_{a-d} = V_{R_1} + V_{R_2}$이다. 이러한 관계는 4장 키르히호프의 전압법칙에서 더 자세히 살펴볼 예정이다.

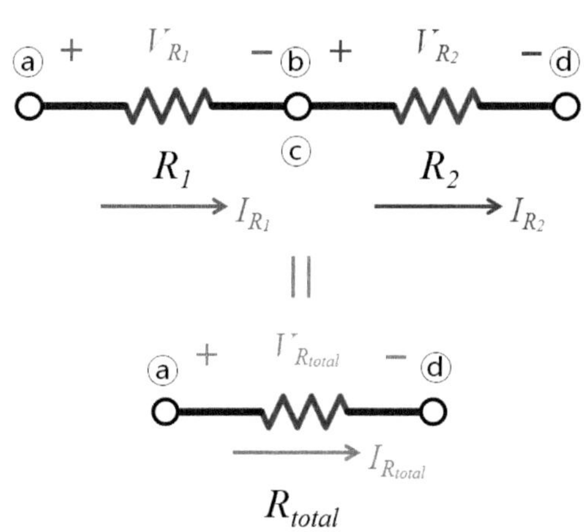

| 그림 3-4 | 저항의 직렬연결에 대한 등가회로

이러한 결과를 토대로 두 개의 저항이 직렬로 연결된 경우와 똑같은 전기적인 성질을 갖는 등가회로(equivalent circuit)를 [그림 3-4]와 같이 구성하고자 한다. 전기적인 성질이 똑같다는 의미는 전압과 전류가 동일한 상황을 말한다. 따라서 [그림 3-4]의 두 회로가 등가가 되기 위해서는 아래의 수식을 만족해야 한다.

$$\begin{aligned} V_{Rtotal} &= V_{R1} + V_{R2} \\ I_{Rtotal} &= I_{R1} = I_{R2} \end{aligned} \qquad \text{(식 3.5)}$$

(식 3.5)로부터 아래의 관계식을 유도할 수 있다.

$$\begin{aligned} & V_{Rtotal} = V_{R1} + V_{R2} = I_{R1}R_1 + I_{R2}R_2 \\ & V_{Rtotal} = I_{Rtotal}R_{total} \\ & \rightarrow I_{R1}R_1 + I_{R2}R_2 = I_{Rtotal}R_{total} \\ & \therefore R_{total} = R_1 + R_2 \ \left(\because I_{Rtotal} = I_{R1} = I_{R2}\right) \end{aligned} \qquad \text{(식 3.6)}$$

결과적으로 직렬연결 후 총 저항값은 두 저항의 개별 저항값을 합 한 것으로 결정된다. 이로부터 두 개 이상의 저항을 직렬로 연결 시 총 저항값은 개별 저항 중에서 가장 큰 저항의 저항값보다 항상 큼을 알 수 있다. 또한, 개별 저항의 전압 V_{R1}과 V_{R2}는 각각 $I_{R1}R_1$과 $I_{R2}R_2$로 결정되는데, 개별 저항에 흐르는 전류는 I_{Rtotal}과 같으므로

$$\begin{aligned} V_{R1} &= I_{R1}R_1 = I_{Rtotal}R_1 = \frac{V_{Rtotal}}{R_{total}}R_1 = \frac{R_1}{R_1+R_2} \times V_{Rtotal} \\ V_{R2} &= I_{R2}R_2 = I_{Rtotal}R_2 = \frac{V_{Rtotal}}{R_{total}}R_2 = \frac{R_2}{R_1+R_2} \times V_{Rtotal} \end{aligned} \qquad \text{(식 3.7)}$$

위의 식을 토대로 직렬연결된 두 저항 양단의 전압은 인가되는 전압(V_{Rtotal})에 대해 총 저항($R_1 + R_2$) 분의 개별저항의 비로 결정됨을 알 수 있다. 이를 직렬연결 저항에서의 전압분배(Voltage Division)라 한다.

(3) 저항의 병렬연결(Parallel Connection of Resistors)

저항의 병렬연결이란 아래의 [그림 3-5]와 같이 두 개 이상의 저항을 연결할 때 저항의 두 단자(ⓐ, ⓑ 단자)가 다른 저항의 두 단자(ⓒ, ⓓ 단자)와 각각 연결되는 경우를 의미한다. 즉, ⓐ와 ⓒ 단자, ⓑ와 ⓓ 단자는 같은 단자가 된다.

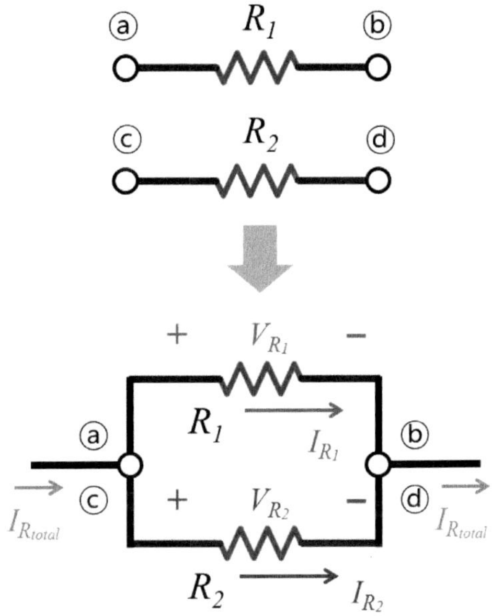

| 그림 3-5 | 저항의 병렬연결

이 때 각 저항 R_1과 R_2의 양단에 걸린 전압과 흐르는 전류를 생각해보자. R_1 양단(즉, ⓐ, ⓑ 단자)의 전압 V_{R_1}과 전류 I_{R_1}, R_2 양단(즉, ⓒ, ⓓ 단자)의 전압 V_{R_2}과 전류 I_{R_2}를 관찰하면 아래의 사항을 직관적으로 이해할 수 있다.

(1) 두 저항이 각 양단(ⓐ=ⓒ, ⓑ=ⓓ)을 공유하고 있으므로 두 단자 간의 전위차는 같다. 즉, $V_{R_1} = V_{R_2}$ 이다.

(2) ⓐ 단자로 들어가는 전류 $I_{R_{total}}$은 ⓐ 단자에서 2개의 브랜치(R_1과 R_2가 각각 연결된 선로)로 전류가 나뉘게 되며, ⓑ 단자에서 다시 합쳐진다. 결국 ⓐ 단자로 흘러 들어가는 전류(유입전류)는 ⓑ 단자로 흘러 나가는 전류(유출전류)와 같고 그 전류값 $I_{R_{total}} = I_{R_1} + I_{R_2}$이 된다. 이러한 관계는 5장 키르히호프의 전류법칙에서 더 자세히

살펴볼 예정이다.

이러한 결과를 토대로 두 개의 저항이 병렬로 연결된 경우와 똑같은 전기적인 성질을 갖는 등가회로(equivalent circuit)를 [그림 3-6]과 같이 구성하고자 한다. 전기적인 성질이 똑같다는 의미는 직렬연결에서도 설명한 바와 같이, 전압과 전류가 동일한 상황을 말한다. 따라서 [그림 3-6]의 두 회로가 등가가 되기 위해서는 아래의 수식을 만족해야 한다.

$$
\begin{aligned}
V_{Rtotal} &= V_{R1} = V_{R2} \\
I_{Rtotal} &= I_{R1} + I_{R2}
\end{aligned}
\qquad \text{(식 3.8)}
$$

(식 3.8)로부터 다음의 관계식을 유도할 수 있다.

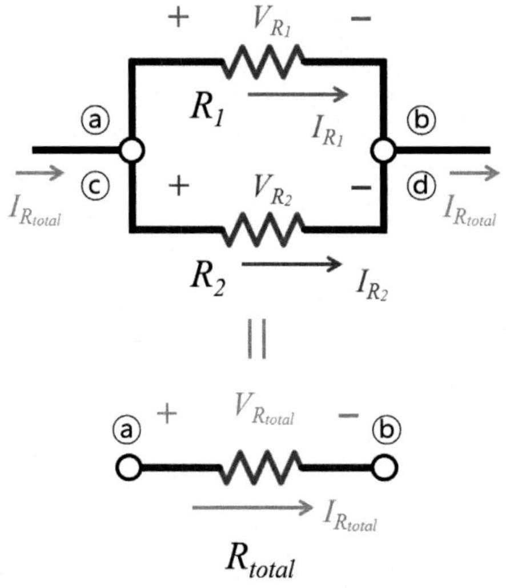

| **그림 3-6** | 저항의 병렬연결에 대한 등가회로

$$
\begin{aligned}
& I_{Rtotal} = I_{R1} + I_{R2} = \frac{V_{R1}}{R_1} + \frac{V_{R2}}{R_2} \\
& I_{Rtotal} = \frac{V_{Rtotal}}{R_{total}} \\
& \rightarrow \frac{V_{R1}}{R_1} + \frac{V_{R2}}{R_2} = \frac{V_{Rtotal}}{R_{total}} \\
& \rightarrow \frac{1}{R_1} + \frac{1}{R_2} = \frac{1}{R_{total}} \quad (\because V_{Rtotal} = V_{R1} = V_{R2}) \\
& \therefore R_{total} = \frac{R_1 R_2}{R_1 + R_2}
\end{aligned}
\qquad \text{(식 3.9)}
$$

결과적으로 병렬연결 후 총 저항값의 역수는 두 저항의 개별 저항값의 역수의 합으로 결정된다. 이로부터 두 개 이상의 저항을 병렬로 연결 시 총 저항값은 개별 저항 중에서 가장 작은 저항의 저항값보다 항상 작음을 알 수 있다. 또한, 개별 저항에 흐르는 전류 I_{R1}과 I_{R2}는 각각 $\frac{V_{R1}}{R_1}$과 $\frac{V_{R2}}{R_2}$로 결정되는데, 개별 저항 양단에 걸리는 전압은 V_{Rtotal}과 같으므로

$$
\begin{aligned}
I_{R1} &= \frac{V_{R1}}{R_1} = \frac{V_{Rtotal}}{R_1} = \frac{I_{Rtotal} R_{total}}{R_1} = \frac{R_2}{R_1 + R_2} \times I_{Rtotal} \\
I_{R2} &= \frac{V_{R2}}{R_2} = \frac{V_{Rtotal}}{R_2} = \frac{I_{Rtotal} R_{total}}{R_2} = \frac{R_1}{R_1 + R_2} \times I_{Rtotal}
\end{aligned}
\qquad \text{(식 3.10)}
$$

위의 식을 토대로 병렬연결된 두 저항에 각각 흐르는 전류는 인가되는 전류(I_{Rtotal})에 대해 총 저항($R_1 + R_2$) 분의 상대 저항의 비로 결정됨을 알 수 있다. 이를 병렬연결 저항에서의 전류분배(Current Division)라 한다.

추가적으로 2장에서 컨덕턴스(G)의 개념을 언급한 바 있다. 컨덕턴스(G)는 저항(R)의 역수이므로 (식 3.9)의 최종식은 아래와 같이 표현될 수 있다.

$$
G_{total} = G_1 + G_2 \qquad \text{(식 3.11)}
$$

이 경우 저항의 직렬연결에서 결정된 총 저항값을 구하는 식과 동일하다. 다시 말해서, 직렬연결에서는 저항의 단위를, 병렬연결에서는 컨덕턴스의 단위를 사용하는 게 편리하다.

3 실험준비물

1) DC전원 공급장치
2) 디지털 멀티미터(DMM)
3) 서로 다른 저항 5개
4) 가변 저항기
5) 브레드보드와 도선

4 실험과정

A. 옴의 법칙

① 임의의 저항기(R_1)를 하나 선택한다. 이 저항은 DC전원 공급장치로부터 전압 인가 시 큰 전류가 흐르는 걸 방지하는 역할을 한다.

② 가변저항기의 저항조절로브를 조정하여 실험 2장 [그림 2-6]의 A-B단자 간의 저항(R_{AB})이 1kΩ이 되도록 조정한다. 가변저항기의 저항값은 회로에서 분리된 상태로 측정한다.

③ DC전원 공급장치와 저항기(R_1), ②에서 조정된 가변저항기를 이용하여 다음 [그림 3-7]와 같이 회로를 구성한다. 이 때 DC전원 공급장치는 OFF 상태를 유지한다.

④ DMM-V의 전압측정값이 '2V'가 되도록 DC전원 공급장치의 전압을 조절하고, DMM-V의 전압측정값(V_{AB})을 [표 3-1]에 기록한다. 이 때 DMM-A의 전류측정값(I_{AB})을 측정하여 [표 3-1]에 기록한다.

⑤ ④ 과정과 동일하게 DMM-V의 전압측정값이 각각 3V, 4V, 5V, 6V, 7V이 되도록 한 후, DMM-A의 전류측정값(I_{AB})을 측정하여 [표 3-1]에 기록한다.

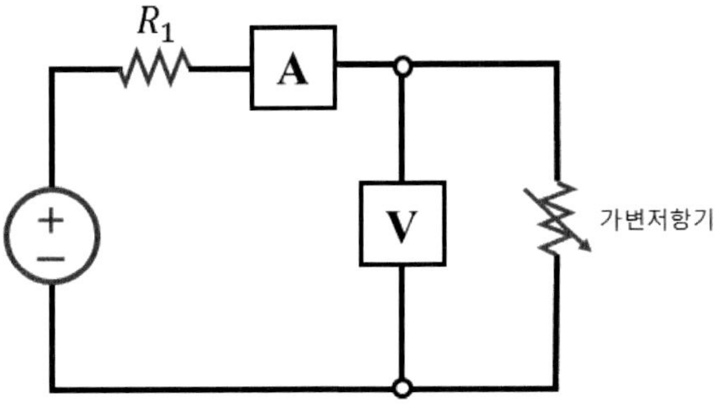

| 그림 3-7 | 옴의 법칙 회로

⑥ R_{AB}의 측정값과 V_{AB}/I_{AB}의 계산값을 비교하여 '옴의 법칙'을 입증한다.

⑦ 가변저항기를 회로에서 분리한 후, 과정 ②처럼 R_{AB} 의 저항값을 각각 2kΩ, 4kΩ으로 조절한다.

⑧ 위의 과정 ③~⑥을 반복하여 [표 3-2]와 [표 3-3]에 기록한다.

⑨ [표 3-1] ~ [표 3-3]의 각 측정값을 이용하여 V, I 그래프를 그리고 Excel을 이용하여 계산된 기울기와 R_{AB}의 저항값을 비교한다.

Excel을 이용한 1차 함수 그래프의 기울기 구하기

(1) 엑셀시트에 측정한 전압값과 전류값을 입력한다.

	A	B	C
1	I	V	
2	0.002	2	
3	0.0031	3	
4	0.004	4	
5	0.005	5	
6	0.006	6	
7	0.007	7	

(2) 전압, 전류데이터를 드래그하여 선택한 후, '메뉴-삽입-차트-직선 및 표식이 있는 분산형'을 그린다.

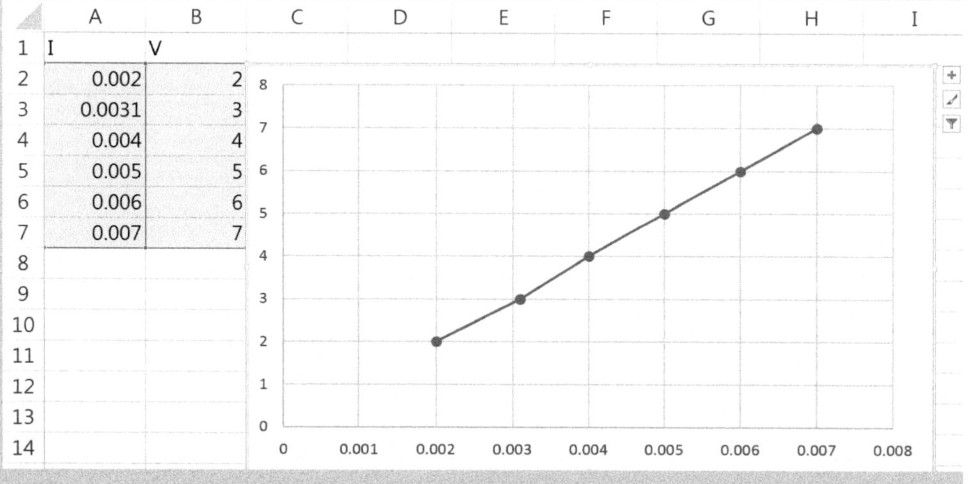

(3) 차트 내 그래프를 선택하고 우클릭하여 '추세선 추가'를 선택, 속성에서 '▷추세선 옵션: 선형, ▷절편: 0, ▷수식을 차트에 표시: 선택'한다. 이 때 절편을 0으로 입력하는 이유는 입력(전류)이 0일 때 출력(전압)도 0이 되어야하기 때문이다.

B. 저항의 직렬연결

① 서로 다른 저항기 R_1, R_2, R_3, R_4, R_5의 실제 저항값을 특정하여 [표 3-4]에 기록한다.

② [그림 3-8]에 나열된 7 가지의 직렬연결 저항기 조합에 대해 전체 저항(R_T)의 계산값과 측정값을 [표 3-5]에 기록한다.

③ 각 저항기 조합을 [그림 3-9] 회로의 <저항조합>부에 연결하고, DC전원 공급장치의 전압을 10V가 되도록 조절한다.

④ 각 저항기 조합에 대해 전압과 전류를 측정하고, 옴의 법칙에 의해 계산된 전체 저항(R_T)을 [표 3-6]에 기록한다.

⑤ 위의 결과에 대해 팀원들과 토론한다.

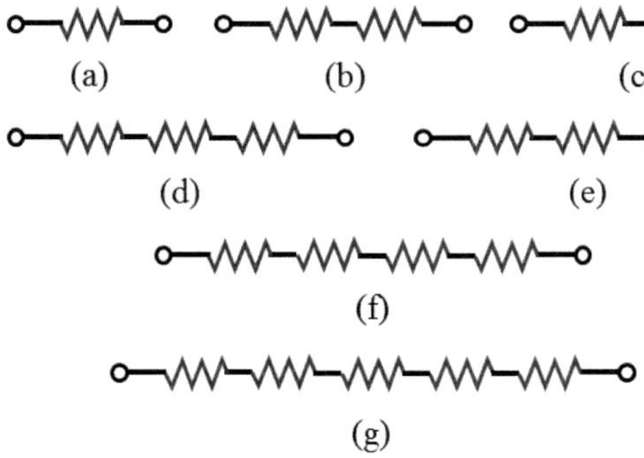

| 그림 3-8 | 직렬연결 저항기의 조합

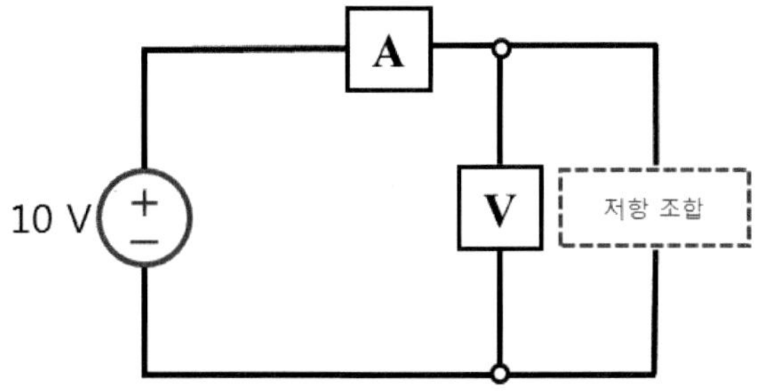

| 그림 3-9 | 직/병렬연결 저항의 측정 회로

C. 저항의 병렬연결

① [그림 3-10]에 나열된 4 가지의 병렬연결 저항기 조합에 대해 전체 저항(R_T)의 계산값과 측정값을 [표 3-7]에 기록한다.

② 각 저항기 조합을 [그림 3-9] 회로의 <저항조합>부에 연결하고, DC전원 공급장치의 전압을 10V가 되도록 조절한다.

③ 각 저항기 조합에 대해 전압과 전류를 측정하고, 옴의 법칙에 의해 계산된 전체 저항(R_T)을 [표 3-8]에 기록한다.

④ 위의 결과에 대해 팀원들과 토론한다.

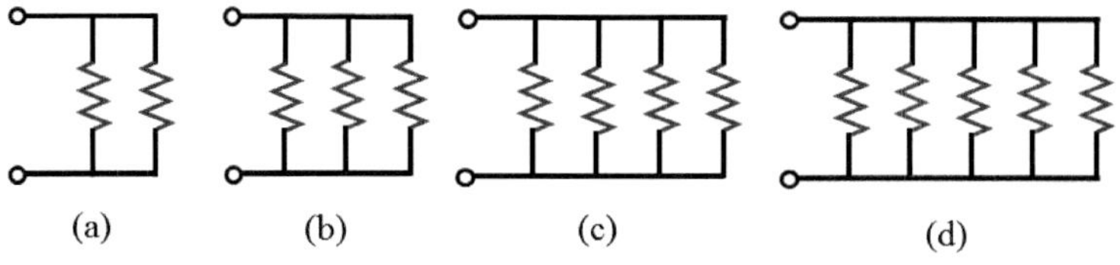

| 그림 3-10 | 병렬연결 저항기의 조합

5 실험결과

A. 옴의 법칙

| 표 3-1 | 옴의 법칙 확인을 위한 측정($R_{AB}=1\text{k}\Omega$)

<table>
<tr><th colspan="3">가변저항(R_{AB})</th><th colspan="2">1kΩ</th><th colspan="2">측정값,
[kΩ]</th><th colspan="2">V, I, R_{AB} 관계</th></tr>
<tr><td>V_{AB}, [V]</td><td>2</td><td>3</td><td>4</td><td>5</td><td>6</td><td>7</td><td colspan="2" rowspan="6">When $R_{AB}=1\text{k}\Omega$

$\frac{V}{I}=$

$I=\frac{V}{}$</td></tr>
<tr><td>V_{AB}측정값,
[V]</td><td></td><td></td><td></td><td></td><td></td><td></td></tr>
<tr><td>I_{AB}측정값,
[mA]</td><td></td><td></td><td></td><td></td><td></td><td></td></tr>
<tr><td>V_{AB}/I_{AB}
(계산)</td><td></td><td></td><td></td><td></td><td></td><td></td></tr>
<tr><td>오차율, [%]
(기준:
R_{AB}측정값)</td><td></td><td></td><td></td><td></td><td></td><td></td></tr>
<tr><td rowspan="4">$V-I$
그래프</td><td colspan="6" rowspan="4"></td></tr>
<tr><td>기울기
(계산값)</td><td></td></tr>
<tr><td>R_{AB}, [kΩ]
(V_{AB}/I_{AB}평균값)</td><td></td></tr>
<tr><td>오차율, [%]
(R_{AB})</td><td></td></tr>
</table>

| 표 3-2 | 옴의 법칙 확인을 위한 측정($R_{AB}=2\text{k}\Omega$)

<table>
<tr><th colspan="3">가변저항(R_{AB})</th><th colspan="2">2kΩ</th><th colspan="2">측정값,
[kΩ]</th><th colspan="2">V, I, R_{AB} 관계</th></tr>
<tr><td>V_{AB}, [V]</td><td>2</td><td>3</td><td>4</td><td>5</td><td>6</td><td>7</td><td colspan="2" rowspan="6">When $R_{AB}=2\text{k}\Omega$

$\frac{V}{I}=$

$I=\frac{V}{\quad}$</td></tr>
<tr><td>V_{AB} 측정값,
[V]</td><td></td><td></td><td></td><td></td><td></td><td></td></tr>
<tr><td>I_{AB} 측정값,
[mA]</td><td></td><td></td><td></td><td></td><td></td><td></td></tr>
<tr><td>V_{AB}/I_{AB}
(계산)</td><td></td><td></td><td></td><td></td><td></td><td></td></tr>
<tr><td>오차율, [%]
(기준:
R_{AB}측정값)</td><td></td><td></td><td></td><td></td><td></td><td></td></tr>
<tr><td rowspan="3">$V-I$
그래프</td><td colspan="6" rowspan="3"></td></tr>
<tr><td>기울기
(계산값)</td><td></td></tr>
<tr><td>R_{AB}, [kΩ]
(V_{AB}/I_{AB}
평균값)</td><td></td></tr>
<tr><td></td><td colspan="6"></td><td>오차율, [%]
(R_{AB})</td><td></td></tr>
</table>

| 표 3-3 | 옴의 법칙 확인을 위한 측정($R_{AB} = 4\text{k}\Omega$)

<table>
<tr><th colspan="3">가변저항(R_{AB})</th><th colspan="2">4kΩ</th><th colspan="2">측정값, [kΩ]</th><th colspan="2">V, I, R_{AB} 관계</th></tr>
<tr><td>V_{AB}, [V]</td><td>2</td><td>3</td><td>4</td><td>5</td><td>6</td><td>7</td><td colspan="2" rowspan="6">When R_{AB} = 4kΩ
$\frac{V}{I}$ =
$I= \frac{V}{\quad}$</td></tr>
<tr><td>V_{AB} 측정값, [V]</td><td></td><td></td><td></td><td></td><td></td><td></td></tr>
<tr><td>I_{AB} 측정값, [mA]</td><td></td><td></td><td></td><td></td><td></td><td></td></tr>
<tr><td>V_{AB}/I_{AB} (계산)</td><td></td><td></td><td></td><td></td><td></td><td></td></tr>
<tr><td>오차율, [%] (기준: R_{AB}측정값)</td><td></td><td></td><td></td><td></td><td></td><td></td></tr>
<tr><td rowspan="3">$V-I$ 그래프</td><td colspan="6" rowspan="3"></td></tr>
<tr><td>기울기 (계산값)</td><td></td></tr>
<tr><td>R_{AB}, [kΩ] (V_{AB}/I_{AB} 평균값)</td><td></td></tr>
<tr><td></td><td colspan="6"></td><td>오차율, [%] (R_{AB})</td><td></td></tr>
</table>

B. 저항의 직렬연결

| 표 3-4 | 각 저항기에 대한 측정 값

저항기	R_1	R_2	R_3	R_4	R_5
정격값, [kΩ]					
측정값, [kΩ]					
오차율, [%]					

| 표 3-5 | 직렬로 연결된 저항기의 총 저항 – 방법 1

조합	정격값, [kΩ]					총 저항값 R_T, [kΩ]		오차율, [%]
	R_1	R_2	R_3	R_4	R_5	계산값	측정값	
(a)								
(b)								
(c)								
(d)								
(e)								
(f)								
(g)								

| 표 3-6 | 직렬로 연결된 저항기의 총 저항 – 방법 2

조합	측정전압(V), [V]	측정전류(I), [mA]	Ohm,s Law, $R_T = \frac{V}{I}$	총 저항, [kΩ] ([표 3-5]의 계산값)	오차율, [%]
(a)					
(b)					
(c)					
(d)					
(e)					
(f)					
(g)					

C. 저항의 병렬연결

| 표 3-7 | 병렬로 연결된 저항기의 총 저항 – 방법1

조합	정격값, [kΩ]					총 저항값 R_T, [kΩ]		오차율, [%]
	R_1	R_2	R_3	R_4	R_5	계산값	측정값	
(a)								
(b)								
(c)								
(d)								

| 표 3-8 | 병렬로 연결된 저항기의 총 저항 – 방법2

조합	측정전압(V), [V]	측정전류(I), [mA]	Ohm,s Law, $R_T = \frac{V}{I}$	총 저항, [kΩ] ([표 3-7]의 계산값)	오차율, [%]
(a)					
(b)					
(c)					
(d)					

6 실험결과 검토

이번 실험을 통해 얻은 결론과 이론과의 비교, 실험 과정 중 팀원들과 논의했던 내용, 향후 실험을 더욱 발전적으로 수행하기 위한 개인적인 의견 등을 자유롭게 기술한다.

실험

04 키르히호프의 전압법칙

1 실험 목적

- 단일 루프회로에서 키르히호프의 전압법칙을 이해한다.
- 키르히호프의 전압법칙에 기반한 전압분할회로의 원리를 이해하고, 원하는 사양의 전압분할회로를 직접 설계한다.

2 이론적 배경

(1) 키르히호프의 전압법칙(Kirchhoff's Voltage Law, KVL)

1장에서 노드(node)와 루프(loop), 브랜치(branch)에 대해 설명한 바가 있다. 본 실험에서는 루프에 집중할 것이다. 루프(loop)란 '회로를 구성하는 완벽한 폐회로'를 의미한다. 루프는 회로요소들이 직렬로 연결되면서 형성된다.

키르히호프의 전압법칙(KVL)이란 '**회로의 임의의 루프에 대해 루프를 구성하는 모든 회로요소에서의 전압의 대수적인 합은 항상 0이 된다.**'는 것이다. 혹은 '**루프 내의 어떠한 두 노드에서의 전압강하(voltage drop)는 전로(path)의 선택에 무관하게 항상 동일하다.**'는 의미이다.

아래의 [그림 4-1]은 하나의 루프로 구성된 회로를 보여주고 있다. 총 6개의 회로요소들(즉, 3개의 독립전압원과 3개의 저항기로 구성)로 구성됨을 한 눈에 확인할 수 있다. 루프가 하나이므로 각 선로에는 모두 동일한 전류가 흐른다. 편의 상 시계방향으로 전류(I_1)가 흐른다고 가정하자. 전류의 실제 방향이 시계방향이라면 I_1는 '양수'로, 반시계 방향이라면 '음수'로 결정될 것이다.

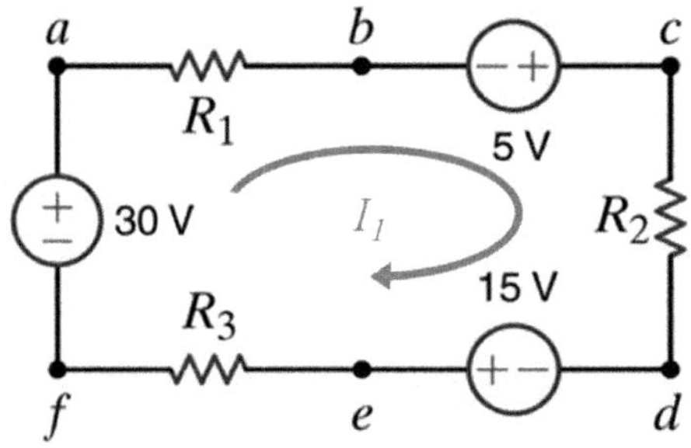

| 그림 4-1 | 단일 루프회로(Single Loop Circuit)

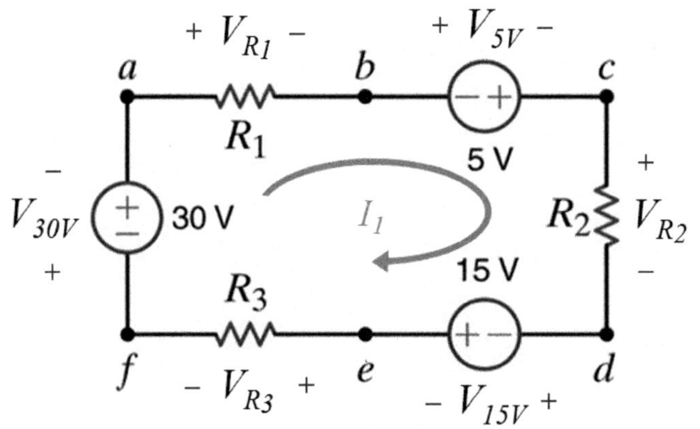

| 그림 4-2 | 키르히호프의 전압법칙(KVL)

먼저 '**회로의 임의의 루프에 대해 루프를 구성하는 모든 회로요소에서의 전압의 대수적인 합은 항상 0이 된다.**'는 의미를 살펴본다. 해당 회로는 하나의 루프로 구성되어 있으며, 시계방향으로 전류(I_1)가 흐르고 있다. 이제 각 회로요소에 대한 전압을 결정해 보자. 각 회로소자에 전류가 들어가는 방향을 '+'로, 나가는 방향을 '−'로 결정한다. 이는 3장의 [그림 3-1]을 통해서 확인할 수 있다. 그 결과를 [그림 4-2]에서 보여준다. 각 회로요소에 대한 전압의 부호 결정에 각별히 신경을 쓰기 바란다

결국 이렇게 결정된 전압의 대수적인 합은 반드시 '0'이 되어야 한다. 이를 수식으로 표현하면 아래와 같다.

$$V_{R1} + V_{5V} + V_{R2} + V_{15V} + V_{R3} + V_{30V} = 0 \qquad \text{(식 4.1)}$$

총 N개의 회로요소로 구성된 루프에 대해 키르히호프의 전압법칙을 적용하는 경우, 아래와 같이 일반화할 수 있다.

$$\sum_{n=1}^{N} V_n = 0 \qquad \text{(식 4.2)}$$

여기에서 V_n은 n번 째 회로요소의 전위차를 의미한다.

[그림 4-2]에서 저항 R_1의 전압 V_{R1}은 옴의 법칙에 의해 $I_1 R_1$으로 결정된다. 5V 전압원의 전압 V_{5V}는 전압의 부호가 반대이므로 '-5V'로 결정된다. 결국 (식 4.1)은 아래와 같이 수식화될 수 있다.

$$\begin{aligned} & R_1 I_1 - 5 + R_2 I_1 - 15 + R_3 I_1 - 30 = 0 \\ & \rightarrow (R_1 + R_2 + R_3) I_1 = 5 + 15 + 30 \\ & \therefore I_1 = \frac{50}{R_1 + R_2 + R_3} (A) \end{aligned} \qquad \text{(식 4.3)}$$

(식 4.3)의 결과를 통해 저항값은 항상 양수이므로, 최종적으로 결정된 회로 전류(I_1)는 양수임이 확실하다. 이는 우리가 처음에 가정한 전류의 방향(시계방향)대로 전류가 흐름을 의미한다.

[그림 4-1]에서 전류의 방향을 시계반대방향으로 가정하고, 위의 과정과 동일하게 전류를 결정해보고 그 결과가 같음을 확인해 보라.

그 다음으로 '**루프 내의 어떠한 두 노드에서의 전압강하**(voltage drop)**는 전로**(path)**의 선택에 무관하게 항상 동일하다.**'는 의미를 살펴보자. [그림 4-1]에서 임의의 두 노드를 선택해보자. 노드 a와 e를 선택한다. 이 경우 루프는 두 개의 전로(path)로 나뉘게 된다. 즉, 노드 a에서 e에 이르는 길을 생각해보자. 하나는 'a-f-e'이고 또 다른 하나는 'a-b-c-d-e'이다. 여기에서 두 노드 a와 e 간의 전위차를 생각해보자. 전위차는 두 노드 간의 상대적인 전압차이를 의미한다. 이 경우 노드 a가 노드 e에 비해 높다고 가정하자. 즉, V_{ae}를 양수(+)로 가정하자. 'a-f-e'전로를 따라 노드 a와 e의 전위차(V_{ae})를 살펴보면 노드 f는 노드 e에 비해 $-V_{R3}$(전류 I_1에 의해 노드 e가 노드 f에 비해 V_{R3}만큼 높으므로)만큼 높고, 노드 a는 노드 f에 비해 $-V_{30V}$만큼 높다. 즉, 'a-f-e'전로에 대해 노드 a와 e의 전위차는 다음과 같이 계산된다.

$$V_{ae} = V_{af} + V_{fe} = -V_{30V} - V_{R3} = 30 - I_1 R_3 \qquad \text{(식 4.4)}$$

이와 마찬가지로 또 다른 전로 'a–b–c–d–e'에 대한 전위차는 다음과 같이 계산된다.

$$\begin{aligned} V_{ae} &= V_{ab} + V_{bc} + V_{cd} + V_{de} = V_{R1} + V_{5V} + V_{R2} + V_{15V} \\ &= I_1R_1 - 5 + I_1R_2 - 15 \end{aligned} \quad \text{(식 4.5)}$$

동일한 노드 간의 전위차는 전로의 선택에 무관하게 동일해야 하므로 (식 4.4)와 (식 4.5)가 같아야 한다.

$$\begin{aligned} & 30 - I_1R_3 = I_1R_1 - 5 + I_1R_2 - 15 \\ & \rightarrow I_1R_1 + I_1R_2 + I_1R_3 = 5 + 15 + 30 \\ & \rightarrow (R_1 + R_2 + R_3)I_1 = 50 \\ & \therefore I_1 = \frac{50}{R_1 + R_2 + R_3}(A) \end{aligned} \quad \text{(식 4.6)}$$

결국 (식 4.3)과 동일한 결과를 얻게 된다.

결과적으로 단일 루프회로에서 키르히호프의 전압법칙(KVL), 즉, 노드 간의 전위차가 같아야 함(혹은 한 노드에 대한 전위차는 '0'임)을 이용하여 루프에 흐르는 전류를 구할 수 있다.

(2) 전압분할회로(Voltage Divider)

키르히호프의 전압법칙(KVL)을 이용하여 전압분할회로의 원리를 이해해보자.

(식 4.3)과 (식 4.6)에서 $I_1R_1 + I_1R_2 + I_1R_3 = 5 + 15 + 30$라는 식이 동일하게 보인다. 이는 동일한 회로를 해석하는 것이므로 당연히 같은 수식이 유도되어야 한다.

이 식을 다시 정리하면 [그림 4-1]의 회로가 [그림 4-3]의 회로와 같음을 의미한다.

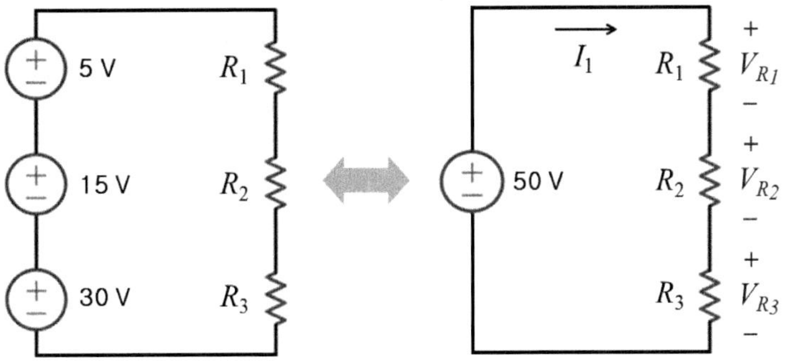

| **그림 4-3** | 단일 루프회로의 등가화

[그림 4-3]의 우측 회로를 살펴보자. 회로에 KVL을 적용하면 다음과 같이 정리된다.

$$50 = I_1R_1 + I_1R_2 + I_1R_3 \tag{식 4.7}$$

$$I_1 = \frac{50}{R_1 + R_2 + R_3} \tag{식 4.8}$$

여기에서 각 저항에 걸린 전압을 구하면 아래와 같다.

$$V_{R1} = I_1R_1 = \frac{50}{R_1 + R_2 + R_3} \times R_1 = \frac{R_1}{R_1 + R_2 + R_3} \times 50 \tag{식 4.9}$$

$$V_{R2} = I_1R_2 = \frac{50}{R_1 + R_2 + R_3} \times R_2 = \frac{R_2}{R_1 + R_2 + R_3} \times 50 \tag{식 4.10}$$

$$V_{R3} = I_1R_3 = \frac{50}{R_1 + R_2 + R_3} \times R_3 = \frac{R_3}{R_1 + R_2 + R_3} \times 50 \tag{식 4.11}$$

(식 4.9) ~ (식 4.11)를 통해 여러 개의 저항이 직렬로 연결된 경우 각 저항에 걸린 전압은 총 저항에 대한 개별 저항의 크기의 비율로 결정됨을 의미한다. 전체 회로에 인가되는 전압이 개별 저항의 크기에 비례하여 분할되므로 이를 전압분할회로라 한다.

여기서 잠깐!! 전압의 표기!!

일반적으로 두 노드 간의 전위차를 전압(단위 : V)으로 표기하며, 이 때 전위차라 함은 두 노드 간의 상대적인 전압의 높낮이를 의미한다. 즉, 전압의 표기에는 어느 노드가 상대적으로 높은지(+), 혹은 낮은지(-), 그리고 그 크기는 얼마인지(V)가 동시에 표시되어야 한다. 전위차는 부호(+, -) 혹은 화살표(지시방향)로 표시하는데 전압이 높은 노드는 '+' 혹은 '화살표식'으로 표시하고, 낮은 노드는 '−' 혹은 '직선부'로 표시한다.

두 노드 a와 b 간의 전압은 V_{ab}로 표기하며, V_{ab}에서 아래첨자의 순서는 높은 쪽을 먼저 기입한다.

만일 노드 a가 노드 b보다 5V 만큼 전압이 높은 경우, $V_{ab}=5\,V$로 표기하고 아래의 그림 (a) 혹은 (b)와 같이 표시한다. 다시 말해서, $V_{ab}=5\,V$라는 표기는 노드 a가 노드 b에 비해 전압이 5V 만큼 높음을 의미한다.

그렇다면, $V_{ba}=-5\,V$는 무슨 의미일까? 이는 노드 b가 노드 a에 비해 전압이 -5V 만큼 높음을 의미한다. 즉, 노드 b가 노드 a에 비해 전압이 5V 만큼 낮다는 뜻이다. 이는 곧 노드 a가 노드 b에 비해 전압이 5V 만큼 높다는 뜻이기도 하다.

다시 말해서 $V_{ab}=5\,V$와 $V_{ba}=-5\,V$는 같은 의미이다.

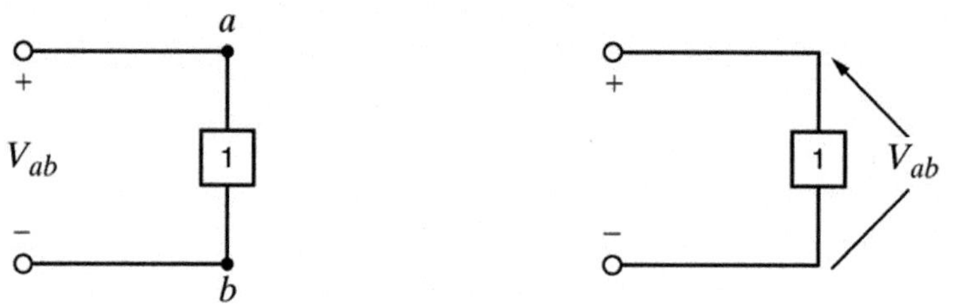

(a) (b)

3 실험준비물

1) DC전원 공급장치
2) 디지털 멀티미터(DMM)
3) 서로 다른 크기의 저항 3개
4) 같은 크기의 저항 2개
5) 가변 저항기
6) 브레드보드와 도선

4 실험과정

A. 키르히호프의 전압법칙

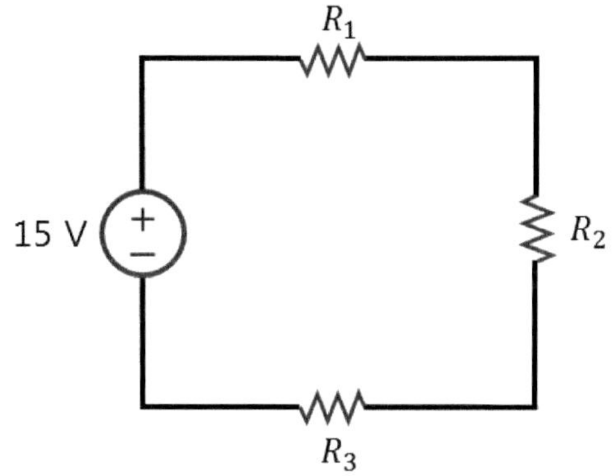

| 그림 4-4 | 단일 루프회로 실험(키르히호프의 전압법칙)

① R_1, R_2, R_3 저항기의 측정값을 [표 4-1]에 기록한다.

② [그림 4-4]의 회로를 구성하고, DC전원 공급장치의 인가전압을 15V로 맞춘다.

③ DMM을 이용하여 [표 4-2]에서 제시하는 노드 사이의 전압을 옴의 법칙을 이용하여 계산하고, 실제 측정값을 [표 4-2]에 기록한다. 이 때, V_{AB}는 노드 A가 노드 B에 비해 전압이 얼마나 높은지를 의미한다. 노드 A가 노드 B보다 높으면 양수로, 낮으면 음수로 결정된다.

④ 측정값을 이용하여 각 노드 간의 전위차를 비교하여 [표 4-3]를 완성하고, 키르히호프의 전압법칙이 성립하는지 확인한다.

B. 전압분할회로

① 같은 값의 저항기 2개를 선택한 후, [그림 4-5]의 회로를 구성하고, DC전원 공급장치의 인가전압을 15V로 맞춘다.

② 옴의 법칙을 이용하여 총 전류, 노드 A와 B사이의 전압(V_{AB}), 노드 B와 C사이의 전압(V_{BC})을 계산하여 [표 4-4]에 기록한다.

③ DMM을 이용하여 회로에 흐르는 전류(I), 노드 A와 B사이의 전압(V_{AB}), 노드 B와 C사이의 전압(V_{BC})을 측정하여 [표 4-4]에 기록한다.

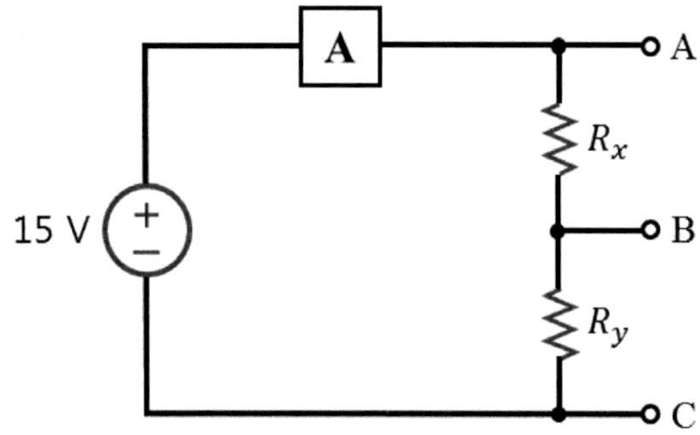

| 그림 4-5 | 전압분할회로

④ 서로 다른 값을 갖는 저항기 2개의 저항 비율이 2:1이 되도록 선택한 후, [그림 4-5]의 회로를 구성하고, DC전원 공급장치의 인가전압을 15V로 맞춘다.

⑤ 옴의 법칙을 이용하여 총 전류, 노드 A와 B사이의 전압(V_{AB}), 노드 B와 C사이의 전압(V_{BC})을 계산하여 [표 4-5]에 기록한다.

⑥ DMM을 이용하여 회로에 흐르는 전류(I), 노드 A와 B사이의 전압(V_{AB}), 노드 B와 C사이의 전압(V_{BC})을 측정하여 [표 4-5]에 기록한다.

C. 전압분할회로의 설계

① DC전원 공급장치를 통해 12V의 전압을 인가하여, 0 ~ 10V 범위의 가변전압을 공급하는 전압분할회로를 단일루프회로로 설계하고자 한다. R_x에는 가변저항기를 사용하고, R_y에는 V_{AB}의 전압이 0 ~ 10V가 되도록 선택된 저항을 연결한다.

② 이 때, 사용되는 저항기와 가변저항기는 실험준비물에 제시된 것만을 사용한다.

③ 회로를 설계한 후, 설계된 단일루프회로의 회로도를 [그림 4-6]에 그린다.

④ 구성한 회로가 설계 내용과 일치하는지 전류, 전압, 저항 등을 측정하여 [표 4-6]에 기록한다.

5 실험결과

A. 키르히호프의 전압법칙

| 표 4-1 | 저항 측정

	R_1	R_2	R_3
정격값, [kΩ]			
측정값, [kΩ]			
오차율, [%]			

| 표 4-2 | 노드간의 전압 측정

	A와 B간의 전압 V_{AB}	B와 C간의 전압 V_{BC}	C와 D간의 전압 V_{CD}	A와 D간의 전압 V_{AD}
계산값, [V]				
측정값, [V]				
오차율, [%]				

| 표 4-3 | 키르히호프 법칙의 확인

	V_{AD} 구하기		V_{BD} 구하기	
	(1) V_{AD}	(2) $V_{AB}+V_{BC}+V_{CD}$	(1) $V_{BA}+V_{AD}$	(2) $V_{BC}+V_{CD}$
계산값, [V]				
측정값, [V]				
오차율, [%]				

※ $V_{AB}=-V_{BA}$임을 주의하자.

B. 전압분할회로

| 표 4-4 | 같은 크기의 저항기를 이용한 전압분할회로

	총 전류 [A]	A와 B간의 전압 V_{AB} [V]	B와 C간의 전압 V_{BC} [V]	$V_{AB}+V_{BC}$ [V]
계산값				
측정값				
오차율, [%]				

| 표 4-5 | 서로 다른 저항기를 이용한 전압분할회로

	총 전류 [A]	A와 B간의 전압 V_{AB} [V]	B와 C간의 전압 V_{BC} [V]	$V_{AB}+V_{BC}$ [V]
계산값				
측정값				
오차율, [%]				

C. 전압분할회로의 설계

| 그림 4-6 | 전압분할회로의 설계

| 표 4-6 | 전압분할회로의 설계 조건 확인

사용한 저항기, [kΩ]		총 전류 [A]	A와 B간의 전압 V_{AB} [V]	B와 C간의 전압 V_{BC} [V]	$V_{AB}+V_{BC}$ [V]
가변 전압 범위 0V	계산값				
	측정값				
	오차율, [%]				
가변 전압 범위 10V	계산값				
	측정값				
	오차율, [%]				

6 실험결과 검토

이번 실험을 통해 얻은 결론과 이론과의 비교, 실험 과정 중 팀원들과 논의했던 내용, 향후 실험을 더욱 발전적으로 수행하기 위한 개인적인 의견 등을 자유롭게 기술한다.

실험 05

키르히호프의 전류법칙

1 실험 목적

- 각 노드에서 키르히호프의 전류법칙을 이해한다.
- 키르히호프의 전류법칙에 기반한 전류분할회로의 원리를 이해하고, 원하는 사양의 전류분할회로를 직접 설계한다.

2 이론적 배경

(1) 키르히호프의 전류법칙(Kirchhoff's Current Law, KCL)

1장에서 노드(node)와 루프(loop), 브랜치(branch)에 대해 설명한 바가 있다. 본 실험에서는 노드에 집중할 것이다. 노드(node)란 '두 개 이상의 회로소자들이 연결되어 있는 절점(point)'를 의미한다. 노드는 회로요소들이 병렬로 연결되면서 형성된다.

키르히호프의 전류법칙(KCL)이란 **'회로의 임의의 노드에 대해 연결된 모든 브랜치로 흘러나가는 방향의 브랜치 전류 혹은 흘러들어오는 방향의 브랜치 전류의 대수적인 합은 항상 0이 된다.'**는 것이다. 혹은 **'해당 노드로 흘러들어오는 전류(all currents entering any node)의 대수적인 합은 노드로부터 흘러나가는 전류(all currents leaving the node)의 대수적인 합과 같다.'**는 의미이다. KVL에서 전압의 부호가 중요했던 것처럼 KCL에서는 전류의 방향이 중요하다.

아래의 [그림 5-1]은 하나의 노드로 구성된 회로를 보여주고 있다. 총 6개의 회로요소들(즉, 4개의 독립전류원과 2개의 저항기로 구성)로 구성됨을 한 눈에 확인할 수 있다.

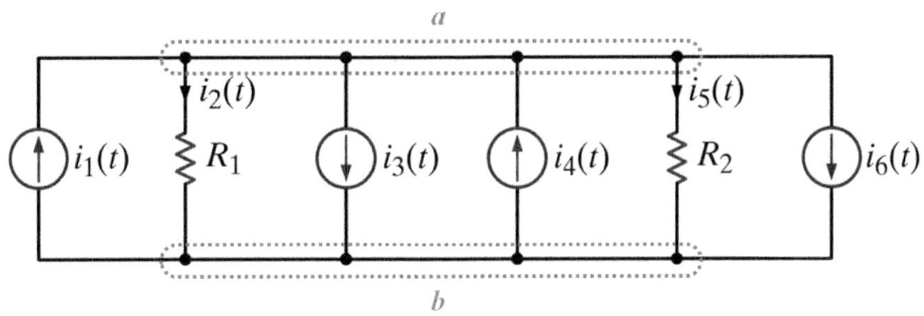

| **그림 5-1** | 단일 노드회로(Single Node Circuit)

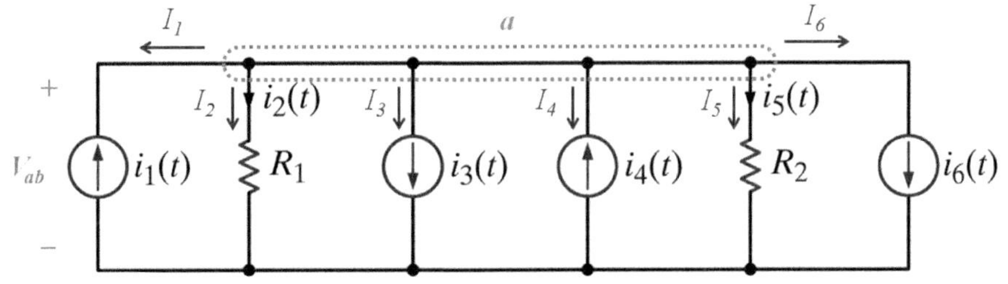

| **그림 5-2** | 키르히호프의 전류법칙(KCL)

언뜻 보면 여러 개의 노드가 있어 보이지만, 노드 간에 회로요소가 연결되어 있지 않으므로 동일한 노드로 간주한다. 노드가 두 개뿐이므로 모든 회로요소 양단에 걸린 전압은 V_{ab}로 모두 동일하다.

먼저 '**회로의 인의의 노드에 대해 연결된 모든 브랜치로 흘러나가는 방향의 브랜치 전류의 대수적인 합은 항상 0이 된다.**'는 의미를 살펴보자. 두 노드 중 하나(노드 a)를 선택한다. 노드 a를 기준으로 흘러나가는 모든 전류($I_1 \sim I_6$)를 [그림 5-2]와 같이 회로에 표시한다. 흘러나가는 방향으로 설정했음에 유의한다.

이렇게 결정된 전류들의 대수적인 합은 반드시 '0'이 되어야 한다. 이를 수식으로 표현하면 아래와 같다.

$$I_1 + I_2 + I_3 + I_4 + I_5 + I_6 = 0 \qquad \text{(식 5.1)}$$

총 N개의 회로요소가 연결된 노드에 대해 키르히호프의 전류법칙을 적용하는 경우, 아래와 같이 일반화할 수 있다.

$$\sum_{n=1}^{N} I_n = 0 \qquad \text{(식 5.2)}$$

이 때, 전류의 방향(흘러나가는 방향 혹은 흘러들어가는 방향)을 모두 동일하게 적용해야 한다.

(식 5.1)의 식에서 설정한 전류의 방향(즉, $I_1 \sim I_6$의 전류방향)과 [그림 5-2]의 실제 전류방향을 고려하면 다음과 같다.

$$\begin{aligned} I_1 &= -i_1(t) \\ I_3 &= i_3(t) \\ I_4 &= -i_4(t) \\ I_6 &= i_6(t) \end{aligned} \qquad \text{(식 5.3)}$$

[그림 5-2]에서 저항에 흐르는 전류(I_2와 I_5)는 옴의 법칙에 의해 결정된다. 결국 (식 5.1)은 아래와 같이 수식화될 수 있다.

$$\begin{aligned} & I_1 + I_2 + I_3 + I_4 + I_5 + I_6 = 0 \\ & \rightarrow -i_1(t) + \frac{V_{ab}}{R_1} + i_3(t) - i_4(t) + \frac{V_{ab}}{R_2} + i_6(t) = 0 \\ & \rightarrow V_{ab}\left(\frac{1}{R_1} + \frac{1}{R_2}\right) = i_1(t) - i_3(t) + i_4(t) - i_6(t) \\ & \therefore V_{ab} = \frac{i_1(t) - i_3(t) + i_4(t) - i_6(t)}{\frac{1}{R_1} + \frac{1}{R_2}} \end{aligned} \qquad \text{(식 5.4)}$$

[그림 5-2]에서 전류의 방향을 노드 a로 흘러 들어가는 방향으로 설정하고, 위의 과정과 동일하게 전압 V_{ab}를 결정해보고 그 결과가 같음을 확인해 보라.

그 다음으로 '**해당 노드로 흘러들어오는 전류**(all currents entering any node)**의 대수적인 합은 노드로부터 흘러나가는 전류**(all currents leaving the node)**의 대수적인 합과 같다.**'는 의미를 살펴보자. [그림 5-1]의 노드 a에 대해 흘러들어가는 방향의 모든 전류의 합과 흘러나가는 방향의 모든 전류의 합을 구한다. 노드 a로 흘러들어가는 방향의 전류의 합을 구하면 다음과 같다.

$$\sum I_{out} = i_2(t) + i_3(t) + i_5(t) + i_6(t) \qquad \text{(식 5.5)}$$

저항의 경우, 수동소자이므로 인가한 전압에 따라 무조건 (+)에서 (−)방향으로 전류가 흐르게 된다. 따라서 노드 a에서 노드 b로 흘러나가는 방향으로 전류가 흐른다.

노드 a에서 흘러나가는 방향의 전류의 합을 구하면 다음과 같다.

$$\sum I_{in} = i_1(t) + i_4(t) \qquad \text{(식 5.6)}$$

(식 5.5)와 (식 5.6)이 같아야 하므로 결국 아래와 같이 정리된다.

$$\begin{aligned} & i_2(t) + i_3(t) + i_5(t) + i_6(t) = i_1(t) + i_4(t) \\ & \rightarrow \frac{V_{ab}}{R_1} + i_3(t) + \frac{V_{ab}}{R_2} + i_6(t) = i_1(t) + i_4(t) \\ & \rightarrow V_{ab}\left(\frac{1}{R_1} + \frac{1}{R_2}\right) = i_1(t) - i_3(t) + i_4(t) - i_6(t) \end{aligned} \qquad \text{(식 5.7)}$$

결국 (식 5.4)와 동일한 결과를 얻게 된다.

결과적으로 단일 노드회로에서 키르히호프의 전류법칙(KCL), 즉, 노드로 흘러들어가는 전류의 합과 노드로부터 흘러나오는 전류의 합이 같아야 함(혹은 한 노드에서 흘러나가는 혹은 흘러들어가는 모든 전류의 합은 '0'임)을 이용하여 노드의 전압을 구할 수 있다.

(2) 전류분할회로(Current Divider)

키르히호프의 전류법칙(KCL)을 이용하여 전류분할회로의 원리를 이해해보자.

(식 5.4)과 (식 5.7)에서 $V_{ab}\left(\frac{1}{R_1} + \frac{1}{R_2}\right) = i_1(t) - i_3(t) + i_4(t) - i_6(t)$라는 식이 동일하게 보인다. 이는 동일한 회로를 해석하는 것이므로 당연히 같은 수식이 유도되어야 한다.

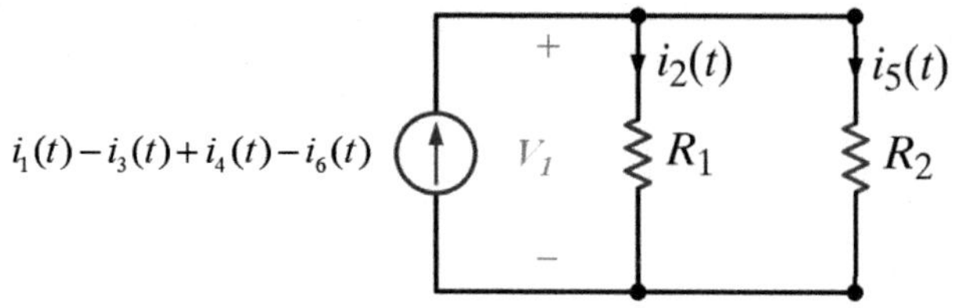

(a)

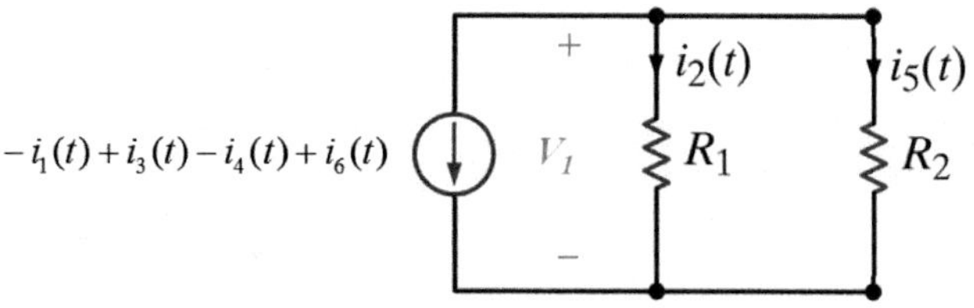

(b)

| **그림 5-3** | 단일 노드회로의 등가화

이 식을 다시 정리하면 [그림 5-1]의 회로가 [그림 5-3]의 회로와 같음을 의미한다. 전류원의 방향을 달리 설정함에 따라 전류의 합의 부호가 달라짐을 확인하자.

[그림 5-3]의 회로에 KCL을 적용하면 다음과 같이 정리된다.

$$i_1(t)-i_3(t)+i_4(t)-i_6(t)=I_1=V_{ab}\left(\frac{1}{R_1}+\frac{1}{R_2}\right)$$

$$V_{ab}=\frac{I_1}{\left(\frac{1}{R_1}+\frac{1}{R_2}\right)} \qquad \text{(식 5.8)}$$

여기에서 각 저항에 흐르는 전류를 구하면 아래와 같다.

$$I_{R1}=\frac{V_1}{R_1}=\frac{I_1}{R_1}\left(\frac{R_1R_2}{R_1+R_2}\right)=\frac{R_2}{R_1+R_2}I_1 \qquad \text{(식 5.9)}$$

$$I_{R2}=\frac{V_1}{R_2}=\frac{I_1}{R_2}\left(\frac{R_1R_2}{R_1+R_2}\right)=\frac{R_1}{R_1+R_2}I_1 \qquad \text{(식 5.10)}$$

(식 5.9)와 (식 5.10)을 통해 여러 개의 저항이 병렬로 연결된 경우 각 저항에 흐르는 전류는 총 저항에 대한 상대 저항의 크기의 비율로 결정됨을 의미한다. 단일 노드로 유입되는 전류가 각 저항이 연결된 브랜치로 분할되므로 이를 전류분할회로라 한다.

3 실험준비물

1) DC전원 공급장치
2) 디지털 멀티미터(DMM)
3) 서로 다른 크기의 저항 7개, 같은 크기의 저항 4개
4) 브레드보드와 도선

4 실험과정

A. 키르히호프의 전류법칙

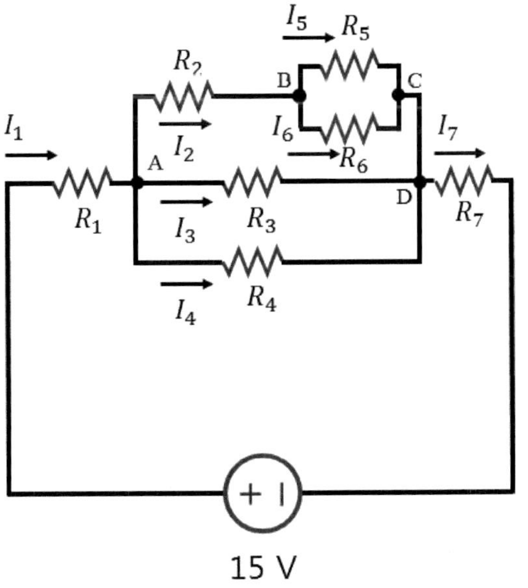

| 그림 5-4 | 키르히호프의 전류법칙 회로

① 각 저항기(R_1, R_2, R_3, R_4, R_5, R_6, R_7)의 저항값을 측정하여 [표 5-1]에 기록한다.

② 측정한 저항기를 이용해 [그림 5-4]의 회로를 구성하고, DC전원 공급장치의 인가전압을 15V로 조절한다.

③ 각 저항에 흐르는 전류값을 계산하고, 실제 전류를 측정하여 [표 5-2]에 기록한다.

④ 각 노드 A, B, C에서의 유입, 유출전류값을 측정하여 [표 5-3]에 기록하고, 그 값을 비교하여 키르히호프의 전류법칙이 성립하는지(즉, 각 노드에서 유입전류와 유출전류가 같은지) 확인한다.

B. 전류분할회로

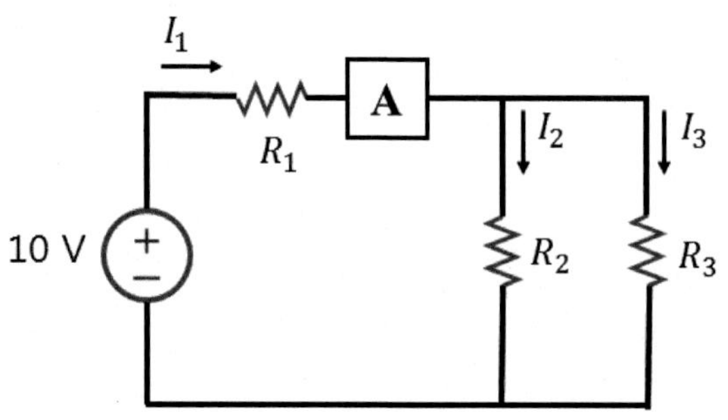

| 그림 5-5 | 전류분할회로

① 같은 값의 저항기 3개를 선택한 후, [그림 5-5]의 회로를 구성하고, DC전원 공급장치의 인가전압을 10V로 맞춘다.

② 인가전압을 총 저항값(=R+R//R)으로 나누어 총 전류(I_1)을 계산하고, 총 전류를 반으로 나누어 저항 R_2와 R_3에 흐르는 전류(I_2, I_3)를 계산하여 [표 5-4]에 기록한다.

③ DMM을 이용하여 각 저항에 흐르는 전류(I_1, I_2, I_3)를 측정하여 [표 5-4]에 기록한다.

C. 전류분할회로의 설계

① 실험A에 사용된 서로 다른 저항기를 가지고 3개의 저항기이 병렬로 구성된 전류분할회로를 설계하고자 한다.

② 3개의 저항기로 이루어진 병렬회로에서 전류가 분할되는 전류 $I_1 : I_2 : I_3$의 비율이 4:2:1이고, 4V의 공급전압에 대해 14mA의 총 전류가 흐르도록 설계한다. 이때 사용되는 저항기를 R_1, R_2, R_3라 하고 저항값을 측정하여 [표 5-5]에 기록한다.

③ 설계한 회로도를 [그림 5-6]에 그리고 전류를 측정하여 [표 5-6]에 기록하고, 올바르게 설계되었는지 확인한다.

5 실험결과

A. 키르히호프의 전류법칙

| 표 5-1 | 저항 측정

	R_1	R_2	R_3	R_4	R_5	R_6	R_7
정격값, [kΩ]							
측정값, [kΩ]							
오차율, [%]							

| 표 5-2 | 각 저항의 전류값

전류	I_1	I_2	I_3	I_4	I_5	I_6	I_7
계산값, [mA]							
측정값, [mA]							
오차율, [%]							

| 표 5-3 | 각 노드에서의 유입, 유출전류

		노드 A	노드 B	노드 C
유입전류	전류	I_1	I_2	$I_3+I_4+I_5+I_6$
	측정값, [mA]			
유출전류	전류	$I_2+I_3+I_4$	I_5+I_6	I_7
	측정값, [mA]			
유입전류–유출전류, [mA]				

B. 전류분할회로

| 표 5-4 | 같은 크기의 저항기를 이용한 전류분할회로

사용한 저항기, [kΩ]	총 전류, I_1 [mA]	브랜치전류, I_2 [mA]	브랜치전류, I_3 [mA]	I_2 + I_3 [mA]
계산값				
측정값				
오차율, [%]				

C. 전류분할회로의 설계

| 표 5-5 | 저항 측정

	R_1	R_2	R_3
정격값, [kΩ]			
측정값, [kΩ]			
오차율, [%]			

| 그림 5-6 | 전류분할회로의 설계

| 표 5-6 | 전류분할회로의 설계 조건 확인

	I_1	I_2	I_3	**비율,** $\frac{I_1}{I_3}$	**비율,** $\frac{I_2}{I_3}$
계산값, [mA]					
측정값, [mA]					
오차율, [%]					

6 실험결과 검토

이번 실험을 통해 얻은 결론과 이론과의 비교, 실험 과정 중 팀원들과 논의했던 내용, 향후 실험을 더욱 발전적으로 수행하기 위한 개인적인 의견 등을 자유롭게 기술한다.

실험

06

저항의 직병렬연결

1 실험 목적

- 저항의 직병렬회로에서 등가저항의 개념을 이해하고, 개별 저항 양단의 전압과 개별 저항에 흐르는 전류의 관계를 이해한다.
- 등가저항의 개념을 이용하여 저항의 Y(와이)-Δ(델타) 연결 간의 상관관계를 이해한다.

2 이론적 배경

(1) 저항의 직병렬연결

지난 실험 3장을 통해 저항의 직렬연결과 병렬연결에서 개별 저항과 총 저항의 관계를 이해하였다.

두 개의 저항이 직렬로 연결된 경우, 총 저항은 (식 3.6)과 같이 개별 저항의 합으로 계산된다. 이 때 직렬 연결된 두 개의 저항으로 구성된 회로와 총 저항값을 갖는 한 개의 저항으로 구성된 회로가 등가가 되기 위한 조건(노드 간의 전압과 브랜치 전류가 같아야 함)을 만족해야 하고 (식 3.5)를 통해 확인하였다.

총 N개의 저항이 직렬로 연결된 경우, 총 저항(R_{series})은 아래와 같이 결정된다.

$$R_{series} = R_1 + R_2 + \cdots + R_N = \sum_{n=1}^{N} R_n \qquad \text{(식 6.1)}$$

두 개의 저항이 병렬로 연결된 경우, 총 저항은 (식 3.9)과 같이 개별 저항의 곱을 개별 저항의 합으로 나눈 값으로 계산된다. 이 때 병렬 연결된 두 개의 저항으로 구성된 회로와 총 저항값을 갖는 한 개의 저항으로 구성된 회로가 등가가 되기 위한 조건(노드 간의 전압과 브랜치 전류가 같아야 함)을 만족해야 하고 (식 3.8)를 통해 확인하였다.

총 N개의 저항이 병렬로 연결된 경우, 총 저항($R_{parallel}$)은 아래와 같이 결정된다.

$$\frac{1}{R_{parallel}} = \frac{1}{R_1} + \frac{1}{R_2} + \cdots + \frac{1}{R_N} = \sum_{n=1}^{N} \frac{1}{R_n} \qquad \text{(식 6.2)}$$

다수 저항의 직렬연결인 경우에는 '+'기호를, 다수 저항의 병렬연결인 경우에는 '//'기호를 사용한다. 즉, 저항 R_1과 R_2의 직렬연결인 경우, 총 저항은 $(R_1 + R_2)$로 표기하고, 병렬연결인 경우, 총 저항은 $(R_1 // R_2)$로 표기한다.

두 저항의 병렬연결 즉, $R_1 // R_2$은 (식 6.2)를 통해 아래와 같이 결정된다.

$$R_1 // R_2 = \frac{R_1 R_2}{R_1 + R_2} \qquad \text{(식 6.3)}$$

두 저항의 직렬연결은 '두 저항의 합'으로, 두 저항의 병렬연결은 '두 저항의 합' 분의 '두 저항의 곱'으로 결정됨을 기억하자.

등가저항을 구하기 위해서는 한 노드와 다른 노드 사이의 저항, 즉 노드 간의 저항에 주목해야 한다.

아래의 [그림 6-1(a)]에서 노드 A와 노드 B 사이의 전체 저항 R_{AB}를 구하고자 한다. 노드 A와 노드 B를 중심으로 회로를 들여다보면, 노드 A와 노드 B 사이에 노드 D가 보인다. 그리고 노드 A와 노드 D 사이에 노드 C가 보이는 구조이다. 이를 다시 조합하면 [그림 6-1(b)]와 같이 표현할 수 있다. 등가저항을 구할 때에는 바라보는 두 노드에서 가장 먼 부분부터 직/병렬 연결을 판단한다. [그림 6-1(b)]의 경우, $12\text{k}\Omega$과 $6\text{k}\Omega$이 직렬로 연결되어 '$(12\text{k}+6\text{k})\Omega$'이 되고 이 저항과 $18\text{k}\Omega$이 병렬 연결되어 있다. 즉, 노드 A와 노드 D간의 등가저항은 $(12\text{k}+6\text{k})//18\text{k}\Omega$이다. 이 저항에 $9\text{k}\Omega$이 직렬로 연결되어 있으므로 노드 A와 노드 B 간의 등가저항 R_{AB}는 아래와 같이 계산된다.

$$\begin{aligned} R_{AB} &= (12\text{k}+6\text{k})//18\text{k} + 9\text{k} \\ &= 18\text{k}//18\text{k} + 9\text{k} = \frac{18\text{k} \times 18\text{k}}{18\text{k} + 18\text{k}} + 9\text{k} \\ &= 9\text{k} + 9\text{k} = 18\text{k}(\Omega) \end{aligned} \qquad \text{(식 6.4)}$$

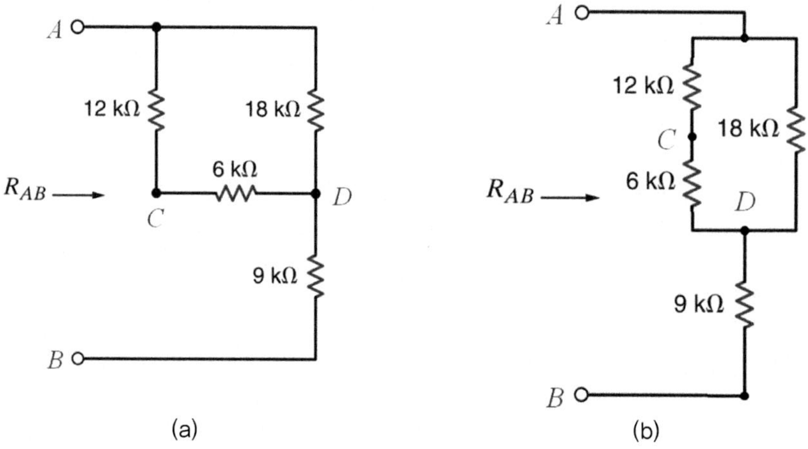

| 그림 6-1 | 직병렬연결의 등가저항 구하기 ❶

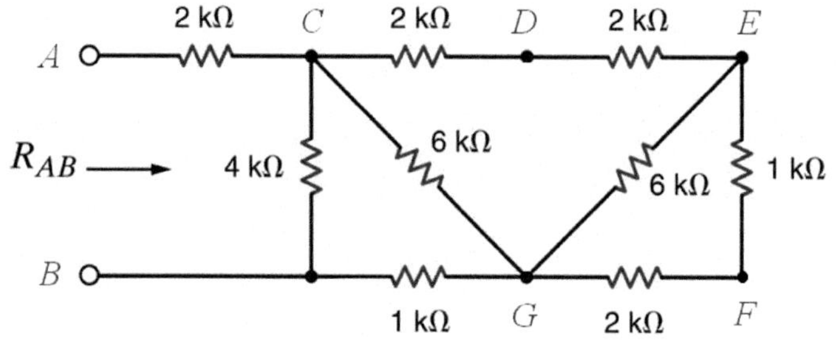

| 그림 6-2 | 직병렬연결의 등가저항 구하기 ❷

[그림 6-1]보다 조금 더 복잡해 보이는 회로 [그림 6-2]에서 등가저항을 구하는 예를 살펴보자.

두 노드 A와 B 사이에서 바라본 등가저항 R_{AB}를 구하기 위해서 가장 먼 부분, 즉, 노드 E와 노드 F부분을 먼저 살펴보자. 노드 E와 노드 F 사이에 1kΩ 저항이 위치해있고, 노드 F에 또 다른 2kΩ 저항이 직렬로 연결되어 있다. 따라서 등가저항은 (1k+2k)Ω 이다. 하지만 노드 E와 노드 G 사이에는 또 다른 6kΩ 저항이 병렬로 연결되어 있으므로 노드 E와 G 사이에서 바라본 등가저항은 (1k+2k)//6kΩ이다. 노드 E에는 두 개의 직렬연결 저항 (2k+2k)Ω이 연결되어 있으므로 {(1k+2k)//6k}+2k+2kΩ이다. 하지만 노드 C와 G 사이에는 또 다른 6kΩ 저항이 병렬로 연결되어 있다. 결과적으로 두 노드 A와 B 사이에서 바라본 등가저항 R_{AB}은 다음과 같이 결정된다.

$$
\begin{aligned}
&[\{(1k+2k)//6k+2k+2k\}//6k+1k]//4k+2k \\
&=\{(3k//6k+2k+2k)//6k+1k\}//4k+2k \\
&=\{(2k+2k+2k)//6k+1k\}//4k+2k \\
&=(6k//6k+1k)//4k+2k \\
&=(3k+1k)//4k+2k \\
&=4k//4k+2k=2k+2k=4k[\Omega]
\end{aligned} \qquad \text{(식 6.5)}
$$

이러한 저항의 직병렬연결에서 앞서 배운 키르히호프의 전압법칙과 전류법칙이 성립함을 이용하여 각 저항에 흐르는 전류와 저항 양 단의 전압을 손쉽게 구할 수 있다.

(2) Y-Δ 변환

위에서 다룬 저항의 직병렬연결과 구분해야 할 연결이 바로 Δ(델타) 연결 구조이다. 노드를 기준으로 연결구조를 살펴보다 보면 직렬도 아니고 병렬도 아닌 구조의 연결을 만나게 된다.

아래 [그림 6-3]의 두 회로를 비교해보자. 직병렬연결인지 Δ연결 구조인지를 결정하기 위해 회로에 임의의 방향으로 전류를 주입하고 각 저항에 흐르는 전류의 방향이 일정하게 결정되는지를 확인한다. [그림 6-3(a)]에서 노드 A에 I_1의 전류를 주입한다고 가정하자. 유입전류는 노드 A에서 12kΩ과 18kΩ이 연결된 브랜치로 분기되어 각각 빨간색, 파란색 화살표 방향으로 흐르게 된다. 이 때, KCL이 성립함을 잊지 말자. 12kΩ 저항에 흐르는 전류는 직렬로 연결된 6kΩ 저항으로 그대로 흐르게 된다. 노드 D에서 두 전류는 다시 합류하고 합류된 전류는 9kΩ에 검정색 화살표 방향으로 흐르게 된다.

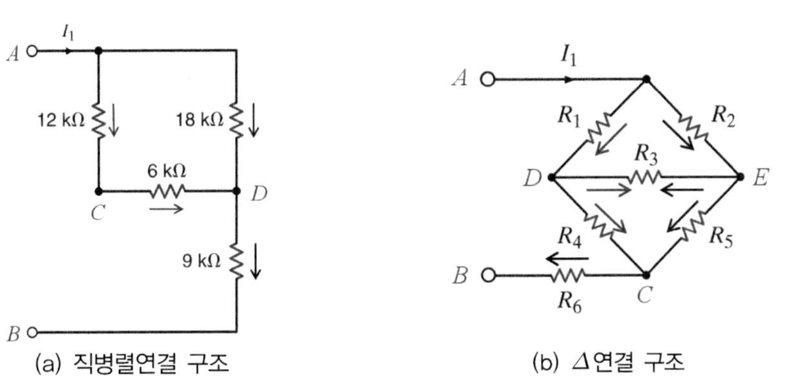

(a) 직병렬연결 구조 (b) Δ연결 구조

| **그림 6-3** | 저항의 직병렬연결과 Δ연결 구조의 비교

이렇게 각 저항에 흐르는 전류의 방향이 명확하게 결정되는 경우 직병렬 연결 구조로 볼 수 있다.

다음으로 [그림 6-3(b)]를 살펴보자. 노드 A에 I_1의 전류를 주입한다고 가정하자. 유입전류는 노드 A에서 R_1과 R_2가 연결된 브랜치로 분기되어 각각 빨간색, 파란색 화살표 방향으로 흐르게 된다. 저항 R_1에 흐르는 전류는 다시 노드 D에서 R_3과 R_4가 연결된 브랜치로 분기되어 흐른다. 마찬가지로 저항 R_2에 흐르는 전류는 다시 노드 E에서 R_3과 R_5가 연결된 브랜치로 분기되어 흐른다. 저항 R_4와 R_5에 흐르는 전류는 노드 C에서 합류되어 저항 R_6에 흐르게 된다. 이 때, 나머지 저항에 흐르는 전류는 명확하게 결정되나, 단 하나의 저항에서만 흐르는 전류의 방향을 결정할 수 없다. 바로 R_3이다. 저항 R_3에 흐르는 빨간색 전류의 크기가 파란색 전류의 크기보다 크면 빨간색 방향으로 전류가 흐르고, 파란색 전류의 크기가 빨간색 전류의 크기보다 크면 파란색 방향으로 전류가 흐르게 되므로 전류의 방향을 명확히 결정할 수 없는 것이다. 결국 저항 R_3의 연결구조는 기존의 일반적인 직병렬연결 구조와는 다르고, 저항이 연결된 모양이 삼각형 모양을 띈다하여 'Δ(델타)연결 구조'라 한다.

앞서 배운 등가저항의 개념을 이용하여 Δ(델타) 연결 구조와 Y(와이) 연결 구조의 수학적 관계를 살펴보도록 하자. 즉, Δ(델타) 형태로 연결된 저항들과 등가저항을 지닌 Y(와이) 연결 구조의 개별 저항의 크기를 구한다.

세 개의 저항 R_1, R_2와 R_3가 아래의 [그림 6-4(a)]와 같이 Δ 형태로 연결되어 있다. 해당 구조에는 3개의 노드(a, b, c)가 존재한다. 여기에서 동일한 노드에 대해 Y 형태의 저항 연결로 등가화하고자 한다. 두 연결 구조가 등가가 되기 위해서는 각 노드, 즉, 노드 a-b, 노드 b-c, 노드 c-a에서 바라본 회로의 저항값이 서로 같아야 한다.

먼저 (a)의 노드 a-b 사이에서 바라본 등가저항을 구하기 위해 먼저 노드 a와 노드 b에 단자를 그림과 같이 추가하고, 노드 a에 전류를 주입하고 노드 b로 합류되어 나오는 전류를 생각한다. 노드 a로 유입된 전류는 R_1과 R_2가 연결된 브랜치로 분기되고, R_1에 흐르는 전류는 그대로 R_3에 흐른다. 따라서 노드 a-b에서 바라본 전체저항 R_{ab}는 아래와 같이 결정된다.

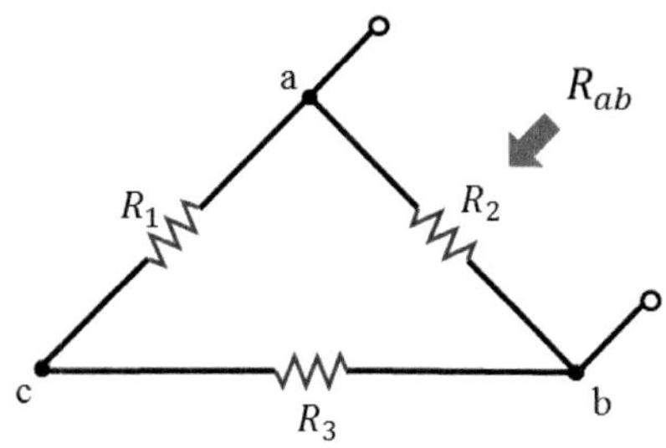

(a) Δ연결 구조

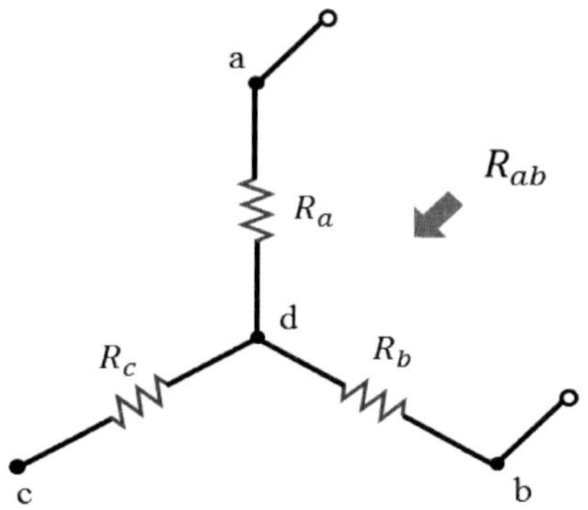

(b) Y연결 구조

| **그림 6-4** | Y-Δ 변환

$$R_{a-b} = R_2//(R_3 + R_1) = \frac{R_2R_3 + R_1R_2}{R_1 + R_2 + R_3} \qquad \text{(식 6.6)}$$

이와 마찬가지로 (a)에서 R_{b-c}와 R_{c-a}의 저항값을 구하면 아래와 같다.

$$R_{b-c} = R_3//(R_1 + R_2) = \frac{R_3R_1 + R_2R_3}{R_1 + R_2 + R_3} \qquad \text{(식 6.7)}$$

$$R_{c-a} = R_1//(R_2 + R_3) = \frac{R_1R_2 + R_3R_1}{R_1 + R_2 + R_3} \qquad \text{(식 6.8)}$$

[그림 6-4(b)]에서도 노드 a-b, 노드 b-c, 노드 c-a에서 바라본 회로의 등가저항값을 계산한다. (b)의 노드 a-b 사이에서 바라본 등가저항을 구하기 위해 앞에서와 마찬가지로 먼저 노드 a와 노드 b에 단자를 그림과 같이 추가하고, 노드 a에 전류를 주입하고 노드 b로 합류되어 나오는 전류를 생각한다. 이 때, 주의해야 할 것은 노드 C, 즉 저항 R_c의 연결 형태이다. 먼저 노드 a로 들어가는 전류는 노드 d에서 R_b와 R_c가 연결된 브랜치로 분기되려 한다. 하지만 R_c쪽으로 흘러들어간 전류는 빠져 나갈 곳이 없다. 왜냐하면 노드 c가 오픈(open)되어 있기 때문이다. 따라서 노드 a로 들어간 전류는 R_a를 지나 그대로 R_b로 흘러 노드 b로 나오게 된다. 결국 이 구조는 R_a와 R_b가 직렬로 연결된 구조이다. 이를 Y연결 구조에 대한 등가저항으로 정리하면 아래와 같다.

$$R_{a-b} = R_a + R_b \qquad \text{(식 6.9)}$$

$$R_{b-c} = R_b + R_c \qquad \text{(식 6.10)}$$

$$R_{c-a} = R_c + R_a \qquad \text{(식 6.11)}$$

결과적으로 Y-Δ 간의 회로의 구조를 등가적으로 변환하기 위해서는 위에서 살펴본 노드 간의 저항값들이 서로 같아야 한다. 이를 정리하면 아래와 같다.

$$R_{a-b} = \frac{R_2R_3 + R_1R_2}{R_1 + R_2 + R_3} = R_a + R_b \qquad \text{(식 6.12)}$$

$$R_{b-c} = \frac{R_3R_1 + R_2R_3}{R_1 + R_2 + R_3} = R_b + R_c \qquad \text{(식 6.13)}$$

$$R_{c-a} = \frac{R_1R_2 + R_3R_1}{R_1 + R_2 + R_3} = R_c + R_a \qquad \text{(식 6.14)}$$

(식 6.12) ~ (식 6.14)를 만족시키는 R_a, R_b 그리고 R_c를 구하면 아래와 같다.

$$R_a = \frac{R_1R_2}{R_1 + R_2 + R_3}, \quad R_b = \frac{R_2R_3}{R_1 + R_2 + R_3}, \quad R_c = \frac{R_3R_1}{R_1 + R_2 + R_3} \qquad \text{(식 6.15)}$$

이를 이용해서 R_1, R_2, R_3는 아래와 같이 결정된다.

$$R_1 = \frac{R_aR_b + R_bR_c + R_cR_a}{R_b}, \quad R_2 = \frac{R_aR_b + R_bR_c + R_cR_a}{R_c}, \quad R_3 = \frac{R_aR_b + R_bR_c + R_cR_a}{R_a}$$

(식 6.16)

직접 계산해보기 바란다.

여기서 잠깐!! 1, 2, 3(혹은 A, B, C)의 배열 순서

위의 식들에서 a, b, c(혹은 1, 2, 3) 중 두 개의 조합의 순서를 살펴보면, 노드 a와 노드 c에서 바라본 저항값을 R_{a-c}아닌 R_{c-a}로 표기했다. 이와 마찬가지로 두 저항값의 곱 혹은 합을 구할 때, R_1R_3가 아닌 R_3R_1으로, R_a+R_c가 아닌 R_c+R_a로 표기했다.
여기에는 무슨 의미가 숨겨져 있을까?
실제로 곱셈의 결과 혹은 연산 결과에는 차이가 전혀 없다.
하지만 전기회로를 익힌 후 고학년에서 배우게 될 전력계통공학에서 주로 다루는 3상 계통에서는 상순(Phase Sequence)이 매우 중요하다. 즉, 순서에 있어서 a–b–c의 순서가 a–b–c–a–b–c–... 와 같이 지속적으로 반복되어야 하므로 'a–b', 'b–c', 'c–a'의 순으로 진행된다. 이를 정상(Positive Sequence)이라고 한다. 이 순서가 바뀌면 즉, a–c–b의 순서가 되는 경우 'a–c', 'c–b', 'b–a'의 순이 되고 이를 역상(Negative Sequence)라 한다.
이러한 표기법이 지금은 다소 낯설겠지만 익숙해지도록 노력해야 한다.

3 실험준비물

1) DC전원 공급장치
2) 디지털 멀티미터(DMM)
3) 저항 8개(저항의 크기와는 무관)
4) 같은 크기의 저항 3개
5) 가변 저항기 3개
6) 브레드보드와 도선

4 실험과정

A. 직병렬회로의 전압과 전류

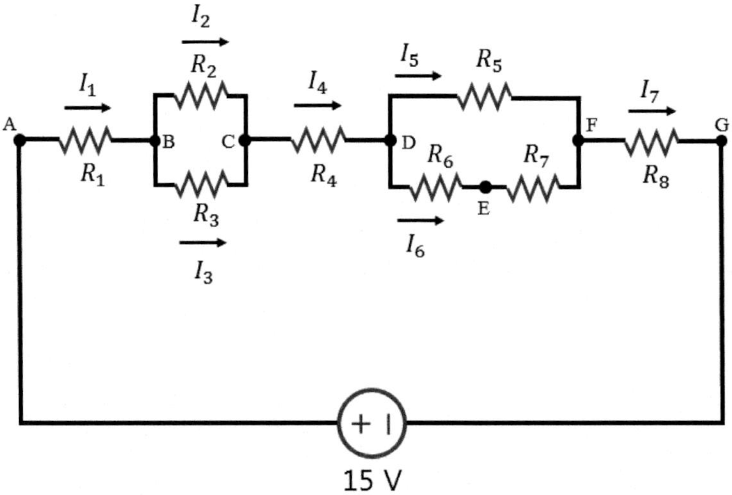

| 그림 6-5 | 직병렬회로

① 각 저항기(R_1, R_2, R_3, R_4, R_5, R_6, R_7, R_8)의 저항값을 측정하여 [표 6-1]에 기록한다.

② 측정한 저항기를 이용해 [그림 6-5]의 회로를 구성한다. 이때 DC전원 공급장치는 연결하지 않는다.

③ [표 6-2]에 기입된 노드 사이의 저항을 [표 6-1]의 측정값을 이용하여 계산하여 기록한다.

④ [표 6-2]에 기입된 노드 사이의 저항을 측정하여 기록한다.

⑤ [그림 6-5]와 같이 DC전원 공급장치를 연결하고 인가전압을 15V로 조절한다.

⑥ [표 6-3]과 [표 6-4]에 표시된 전류와 전압을 회로에서 측정하여 [표 6-3]과 [표 6-4]의 '측정값'에 기록한다.

⑦ 이전 실험에서 배운 이론(저항의 직병렬 연결, KCL, KVL, 전압 및 전류분할회로)을 이용하여 각각의 전류값과 전압값을 계산하고, [표 6-3]과 [표 6-4]의 '계산값'에 기록한다.

⑧ '계산값'과 '측정값' 간의 오차율을 계산하여 표에 기록한다.

B. 저항의 Y-Δ 변환

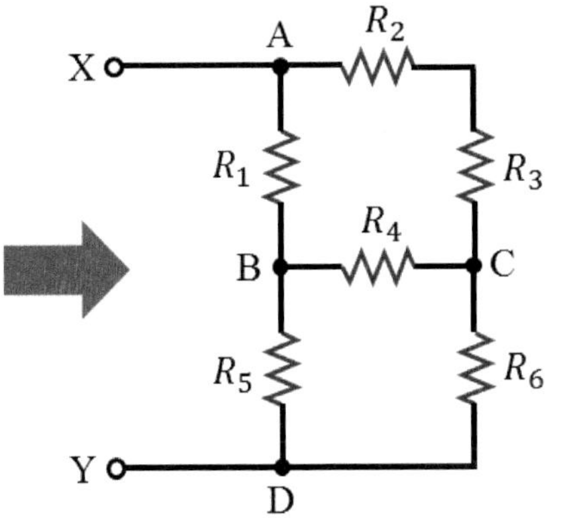

| 그림 6-6 | Y-Δ 변환 회로

① A에서 사용한 저항 중 6개를 이용하여 [그림 6-6]의 회로를 구성한다.

② DMM을 이용하여 단자 X-Y 사이의 전체 저항값을 측정하여 [표 6-5]에 기록한다.

③ [그림 6-6]의 X-Y에 DC전원 공급장치로 10V의 전압을 인가하고, X-Y의 전압(V_{XY})과 노드 A로 유입되는 전류(I_A)를 측정하여 [표 6-5]에 기록한다. 측정값을 토대로 계산값 및 오차율을 계산하여 기록한다.

④ [그림 6-6]의 회로에서 Y연결 구조로 변환가능한 부분(△연결 구조)을 찾고, 변환된 Y연결 구조의 회로도를 [그림 6-7]에 그린다. 이 때, Y회로에 들어갈 저항값을 (식 6.15)를 이용해 계산하여 회로도에 표시한다.

⑤ 계산된 R_a, R_b, R_c를 가변저항기로 구현한 후 [그림 6-7]의 회로를 구성한다.

⑥ [그림 6-7]의 회로에서 DC전원 공급장치로 10V의 전압을 인가하고, X-Y의 전압(V_{XY})과 노드 A로 유입되는 전류(I_A)를 측정하여 [표 6-6]에 기록한다. 측정값을 토대로 계산값 및 오차율을 계산하여 기록하고, 그 결과를 [표 6-5]와 비교한다.

5 실험결과

A. 직병렬회로의 전압과 전류

| 표 6-1 | 저항 측정

	R_1	R_2	R_3	R_4	R_5	R_6	R_7	R_8
정격값, [kΩ]								
측정값, [kΩ]								
오차율, [%]								

| 표 6-2 | 직병렬회로의 저항

	B와 C사이 저항 R_{BC}	D와 F사이 저항 R_{DF}	A와 G사이 저항 R_{AG}
계산값, [kΩ]			
측정값, [kΩ]			
오차율, [%]			

| 표 6-3 | 직병렬회로의 전류

	I_1	I_2	I_3	I_4	I_5	I_6	I_7
계산값, [mA]							
측정값, [mA]							
오차율, [%]							

| 표 6-4 | 직병렬회로의 전압

	V_{AB}	V_{BC}	V_{CD}	V_{DE}	V_{EF}	V_{DF}	V_{FG}
계산값, [V]							
측정값, [V]							
오차율, [%]							

B. 저항의 Y-Δ 변환

| 표 6-5 | Δ 회로의 등가저항

측정값			계산값	
저항 R_{XY} [kΩ] ①	X-Y간의 전압 V_{XY} [V] ②	유입전류 I_A [mA] ③	$\frac{V_{XY}}{I_A}$ [kΩ] (②/③)	$\frac{V_{XY}}{I_A}$과 R_{XY}의 오차율 [%]

| 그림 6-7 | Δ-Y 변환 회로도

| 표 6-6 | 변환된 Y 회로의 등가저항

측정값			계산값	
저항 R_{XY} [kΩ] ①	X-Y간의 전압 V_{XY} [V] ②	유입전류 I_A [mA] ③	$\frac{V_{XY}}{I_A}$ [kΩ] (②/③)	$\frac{V_{XY}}{I_A}$과 R_{XY}의 오차율 [%]

6 실험결과 검토

이번 실험을 통해 얻은 결론과 이론과의 비교, 실험 과정 중 팀원들과 논의했던 내용, 향후 실험을 더욱 발전적으로 수행하기 위한 개인적인 의견 등을 자유롭게 기술한다.

실험 07

중첩의 원리(Principle of Superposition)

1 실험 목적

- 회로 해석을 위한 루프전류 해석방법과 노드전압 해석방법에 대해 이해한다.
- 루프전류 및 노드전압 해석방법을 이용하여, 다수의 독립전원으로 구성된 회로에서 중첩의 원리를 이해한다.

2 이론적 배경

(1) 루프전류 해석방법

지난 실험을 통해 직류(DC)회로에서의 전기적 동작 원리를 충분히 학습하였다. 본 절에서는 회로 내 임의의 콤포넌트에 흐르는 전류를 구하기 위한 수학적 원리를 학습한다. 먼저 루프전류를 이용한 방법을 소개한다.

루프전류 해석방법(Loop Current Method 혹은 Mesh Current Method)이란 '**회로의 루프전류를 변수로 설정하고 각 루프에 대해 KVL(키르히호프의 전압법칙)을 적용하여 식을 수립한 후, 연립방정식을 풀어 루프전류를 결정하는 방법**'이다.

아래 [그림 7-1]의 회로에서 6kΩ 저항 양 단의 전압(V_O)과 저항에 흐르는 전류(I_O)를 구하고자 한다. 가장 먼저 수식을 수립하기 위한 루프를 결정한다.

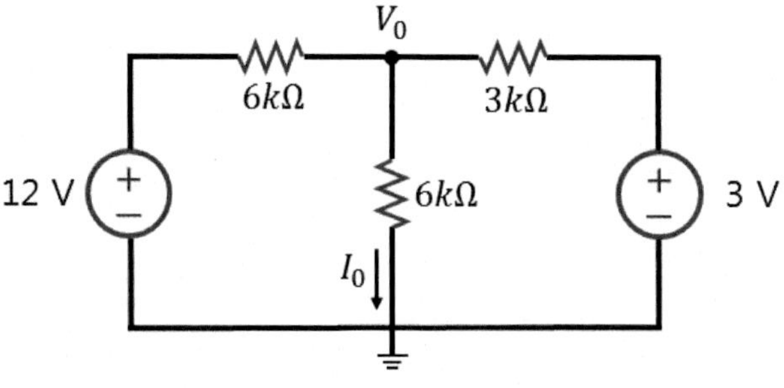

| **그림 7-1** | 이중 전압원 회로

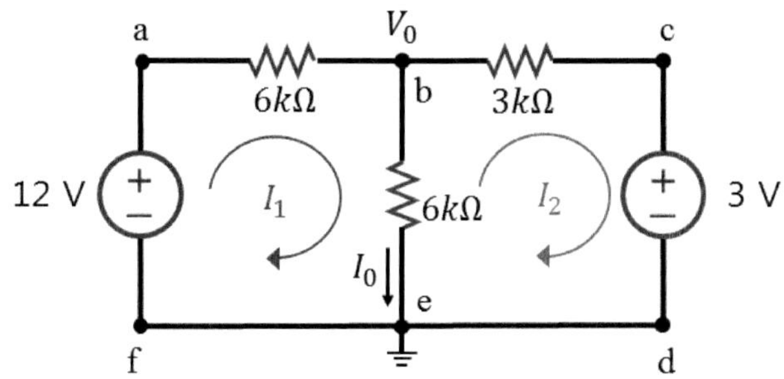

| 그림 7-2 | 루프전류의 설정

[그림 7-2]의 회로에서 보이는 루프는 아래와 같다.

루프 ① : a–b–e–f–a

루프 ② : b–c–d–e–b

루프 ② : a–b–c–d–e–f–a

이 때, 각 회로소자는 단 한 번만 지나야 한다. 즉, a–b–e–d–c–b–f–a는 루프라 할 수 없다.

루프를 기준으로 수식을 세우기 위해서 위 3개의 루프 중 2개를 선택해야 한다. 가장 쉬운 방법은 보이는 루프를 선택하는 것이다. [그림 7-2]의 회로에서 한 번에 보이는 루프는 바로 루프 ①과 루프 ②이다.

그 다음, 전류의 방향을 결정한다. 일반적으로는 모는 루프전류의 방향을 동일하게 선택한다. 물론 각 루프전류의 방향을 임의로 정해도 상관은 없지만 본인만의 규칙을 가지고 일정하게 전류의 방향을 결정하는 게 사소한 실수를 줄일 수 있다. 교재와 같이 보이는 루프에 대해 시계방향으로 각각의 루프전류를 설정하는 것을 추천한다.

각 루프에 대해 키르히호프의 전압법칙(KVL)을 적용해서 아래와 같이 2개의 수식을 수립한다.

$$\begin{aligned} 12 &= 6kI_1 + 6k(I_1 - I_2) \\ 3kI_2 + 3 + 6k(I_2 - I_1) &= 0 \end{aligned} \quad \text{(식 7.1)}$$

그리고 해당 연립방정식을 풀어 각 루프에 흐르는 전류 I_1과 I_2를 계산하면, $I_1 = 1.25mA$,

$I_2 = 0.5mA$이다. 따라서 6kΩ 저항에 흐르는 전류 I_O는 $I_1 - I_2 = 0.75$mA이고 전압 V_O는 4.5V로 결정된다.

(2) 노드전압 해석방법

노드전압 해석방법(Node Voltage Method)이란 '회로 내 노드의 전압을 변수로 설정하고 각 노드에대해 KCL(키르히호프의 전류법칙)을 적용하여 식을 수립한 후, 연립방정식을 풀어 노드전압을 결정하는 방법'이다.

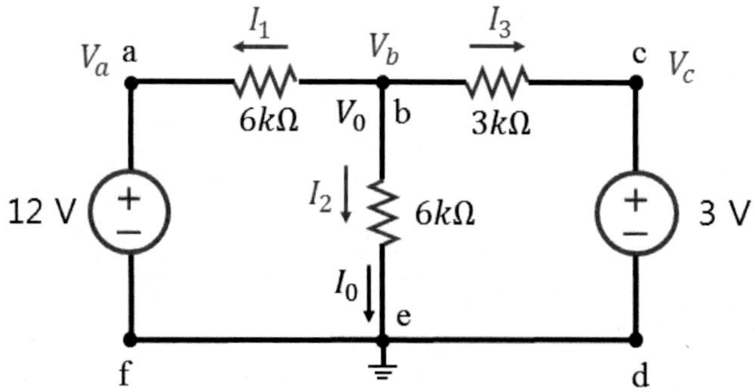

| 그림 7-3 | 노드전압의 설정

먼저 [그림 7-3]의 회로에서 노드를 정한다. 회로에는 총 4개의 노드(a, b, c, d)가 보인다. (d-e-f는 같은 노드이므로) 이 중에서 d를 접지노드로 정하면, 노드 전압을 결정해야 하는 노드는 a, b, c이다.

각 노드의 전압을 V_a, V_b, V_c라 하면 두 개의 전압원에 의해 $V_a = 12V$, $V_c = 3V$이다. 결과적으로 우리가 구해야 하는 노드 전압은 노드 b의 전압 V_b이다. 노드 b에서 나가는 방향의 모든 전류의 합이 '0'이 되도록(즉, $I_1 + I_2 + I_3 = 0$) KCL을 적용해서 수식을 수립한다.

$$\frac{V_b - V_a}{6k} + \frac{V_b}{6k} + \frac{V_b - V_c}{3k} = 0 \qquad \text{(식 7.2)}$$
$$V_a = 12, \ V_c = 3$$

그리고 해당 연립방정식을 풀어 노드 b의 전압 V_b를 계산하면, $V_b = 4.5\ V$이다. 따라서 6kΩ 저항 양단의 전압 V_O는 4.5V이고, 6kΩ 저항에 흐르는 전류 I_O는 $\frac{4.5}{6k}$= 0.75mA로 결정된다.

위의 (식 7.1) 루프전류 해석방법에서 계산한 결과와 동일함을 확인한다.

(3) 중첩의 원리

중첩의 원리(Principle of Superposition)란, '**다수 개의 독립전원을 포함한 선형회로에서 회로 내 한 부분에서의 전압 혹은 전류는 개별 독립전원에 의해 결정되는 전압 혹은 전류를 합한 것과 같다**'는 것이다. 여기에서 선형회로란 선형 수동소자(즉, 저항기, 인덕터, 캐패시터)만으로 구성된 회로를 의미하며, 중첩의 원리가 적용되기 위해서는 반드시 독립전원만으로 구성되어야 한다.

다시 말해서 [그림 7-1]에서 우리가 구해야 하는 6kΩ 저항 양 단의 전압(V_O)과 저항에 흐르는 전류(I_O)는 두 개의 독립전원(12V 독립전압원과 3V 독립전압원)에 의해 결정되며, 각각의 독립전원에 의해 결정되는 전압과 전류를 합해서 최종 결과를 얻을 수 있다. 이 때, 두 전압원이 서로 독립적으로 움직이기 때문에 중첩의 원리를 적용할 수 있다.

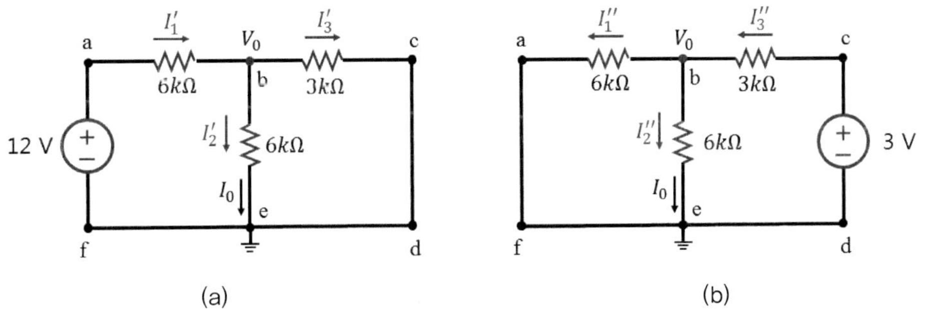

| **그림 7-4** | 중첩의 원리

즉, 6kΩ 저항에 흐르는 전류(I_O)는 [그림 7-4(a)]의 12V 독립전압원에 의한 전류 I'_2와 [그림 7-4(b)]의 3V 독립전압원에 의한 전류 I''_2의 합으로 결정된다. 그럼 한 독립전원만을 고려할 경우, 다른 전원들은 어떻게 처리해야 할까? 하나의 전원만 생각하고 나머지는 제거하면 된다. 어떻게?? 부숴버려라!! VSIO(부쇼)!!! **전압원(V)은 쇼트(Short), 전류원(I)은 오픈(Open)하라는 말이다.** 소름이 돋을수록 기억에 오래 남는 법!! 전압원

은 쇼트해야 하는지? 오픈해야 하는지? 그 원리는 아래에 이어지는 <여기서 잠깐!!> 에서 더 자세하게 알아보도록 한다.

먼저 [그림 7-4(a)]와 같이 12V 독립전압원에 의한 전류 I'_o과 전압 V'_o을 구해보자. 이 때, 지금까지 학습한 내용들 즉, 저항의 직병렬연결, 전압 및 전류분배(3장), 위에서 배운 루프전류 해석방법과 노드전압 해석방법을 활용할 수 있다. 물론 어떠한 방법을 사용하든지 그 결과는 같아야 한다.

그림 (a)에서 I'_1를 먼저 구한다. 이 때 저항의 직병렬연결과 전압 및 전류분배를 이용해 보자. 저항기의 구성을 살펴보면 3kΩ 저항과 6kΩ이 병렬로 연결되어 있으며 이 합성저항이 12V 전압원 옆에 위치한 6kΩ과 직렬로 구성되어 있다. 따라서 전체 저항은 $6k+(3k//6k)=6k+2k=8k(\Omega)$이다. 여기에 12V가 인가되므로 총 전류($I'_1$)는 1.5mA가 된다. 이 전류가 노드 a를 거쳐 6kΩ 저항을 지나 노드 b로 주입된다.

이 전류가 3kΩ 저항과 6kΩ 저항으로 나뉘어 흐르게 되는데, 3장에서 배운 전류분배를 적용하면

$$I'_2=\frac{3k}{6k+3k}\times 1.5m=0.5m(A),\quad I'_3=\frac{6k}{6k+3k}\times 1.5m=1.0m(A)$$

로 결정된다.

그 다음으로 그림 (b)에서 I''_3를 구한다. 저항기의 구성을 살펴보면 6kΩ 저항기 두 개가 병렬로 연결되어 있으며 이 합성저항이 3V 전압원 옆에 위치한 3kΩ과 직렬로 구성되어 있다. 따라서 전체 저항은 $3k+(6k//6k)=3k+3k=6k(\Omega)$이다. 여기에 3V가 인가되므로 총 전류($I''_3$)는 0.5mA가 된다. 이 전류가 노드 c를 거쳐 3kΩ 저항을 지나 노드 b로 주입된다.

이 전류가 두 개의 6kΩ 저항으로 나뉘어 흐르게 되는데, 3장에서 배운 전류분배를 적용하면

$$I''_1=\frac{6k}{6k+6k}\times 0.5m=0.25m(A),\quad I''_2=\frac{6k}{6k+6k}\times 0.5m=0.25m(A)$$

로 결정된다.

마지막으로 살펴봐야 하는 것은 전류의 방향이다. I'_2와 I''_2의 전류 방향이 같으므로 최종적으로 두 전류의 합($0.75mA$)으로 결정된다. 하지만 I_1의 경우, I'_1은 노드 a에서

노드 b의 방향으로 1.5mA이고, I''_1은 노드 b에서 노드 a의 방향으로 0.25mA이므로 최종적으로는 노드 a에서 노드 b의 방향으로 1.25mA가 흐른다. I_3의 경우, I'_3은 노드 b에서 노드 c의 방향으로 1.0mA이고, I''_3은 노드 c에서 노드 b의 방향으로 0.5mA이므로 최종적으로는 노드 b에서 노드 c의 방향으로 0.5mA가 흐르게 된다.

이 결과를 토대로 6kΩ 저항에 $I_o = 0.75\text{mA}$의 전류가 흐르므로 우리가 구하고자 하는 전압 V_o는 4.5V임을 알 수 있다.

여기서 잠깐!! 회로도 상에서 전원(Source) 제거하기!!

전원을 제거한다는 건 '전압원의 경우에는 전압원 양 단의 전위차를 0V로 만들고, 전류원의 경우에는 전류원으로부터 흘러 나가는 전류를 0A로 만들다.'는 의미이다.

아래의 회로는 10V 전압원에 의해 10V의 전압이 저항의 양단에 인가되는 상황을 보여준다. 저항의 입장에서 10V의 전위차를 전압원으로부터 인가받고 있다는 의미이다. 따라서, 전압원을 제거하기 위해서는 즉, 양 단의 전위차를 0으로 만들기 위해서는 양 단의 전압을 같게 만들어 주면 된다. 두 단자의 전압을 같게(두 단자 간의 전위차를 0으로) 만들려면 두 단자를 같은 노드로 만들어 주어야 한다. 결국 두 단자를 전선으로 이어서 단락회로(Short circuit)를 만들어 주면 해결된다.

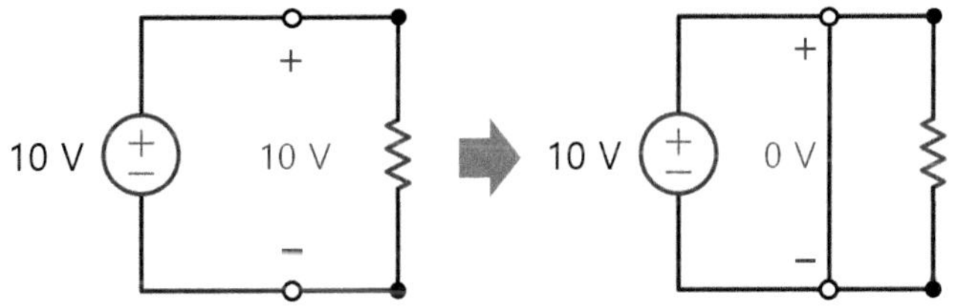

아래의 회로는 10mA 전류원에 의해 10mA의 전류가 저항에 인가되는 상황을 보여준다. 저항의 입장에서 10mA의 전류가 전류원으로부터 강제적으로 주입되고 있다는 의미이다. 따라서, 전류원을 제거하기 위해서는 즉, 인가되는 전류를 0으로 만들기 위해서는 전류가 흐르지 못하도록 만들어 주면 된다. 결국 전류원을 제거하여 전류원 부분을 개방함으로써 개방회로(Open circuit)를 만들어 주면 해결된다.

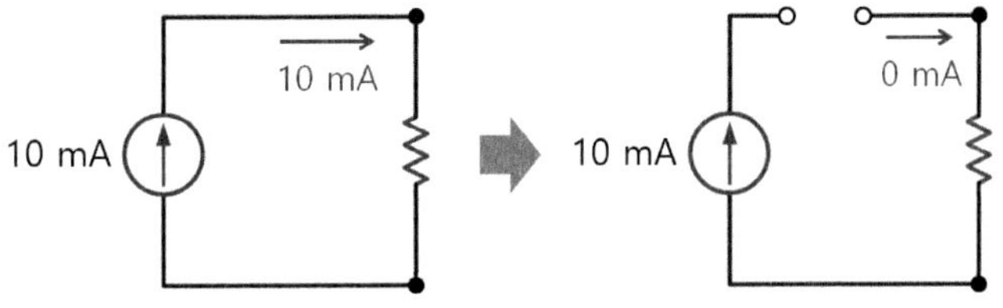

3 실험준비물

1) DC전원 공급장치
2) 디지털 멀티미터(DMM)
3) 저항 7개(저항의 크기와는 무관)
4) 브레드보드와 도선

4 실험과정

A. 루프전류 해석방법

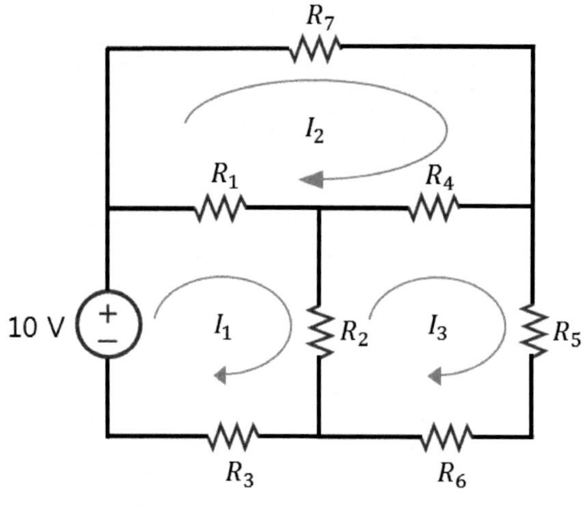

| 그림 7-5 | 루프전류, 노드전압 해석

① 각 저항기의 컬러코드를 읽어 정격값을 구하고, 저항값을 측정하여 [표 7 - 1]에 기록한다.

② 저항기 7개와 DC전원 공급장치를 이용하여 [그림 7-5]의 회로를 구성하고, 10V 전압을 인가한다.

③ 위의 <이론적 배경 1. 루프전류 해석방법>에서 학습한 내용을 바탕으로 각 루프전류 I_1, I_2, I_3의 값을 계산하여 [표 7-2]에 기록하고, 각 루프전류를 측정하여 [표 7-2]에 기록한다. 이 때 계산과정을 6. 실험결과검토에 정리하고, 각 루프전류를

정확히 측정하기 위한 전류계 위치를 팀원들과 논의하여 결정하고 회로도에 표시한다.

④ 위에서 구한 루프전류 I_1, I_2, I_3의 값을 이용하여 저항 R_1, R_2, R_4, R_6, R_7에 흐르는 전류를 계산하여 [표 7-3]에 기록하고, 각 저항의 전류를 측정하여 [표 7-3]에 기록한다. 이 때 최종적으로 결정된 전류의 방향을 [그림 7-7]의 회로도에 표시한다.

B. 노드전압의 해석방법

① 저항기 7개와 DC전원 공급장치를 이용하여 [그림 7-5]의 회로를 구성하고, 10V 전압을 인가한다.

② 위의 <이론적 배경 2. 노드전압 해석방법>에서 학습한 내용을 바탕으로 **접지(Ground, 0V)를 기준**으로 한 노드전압 V_A, V_B, V_C, V_D, V_E을 계산하여 [표 7-4]에 기록하고, 각 노드전압를 측정하여 [표 7-4]에 기록한다. 이 때 계산과정을 6. 실험결과검토에 정리한다.

③ 위에서 구한 노드전압 V_A, V_B, V_C, V_D, V_E의 값을 이용하여 각 저항의 전압을 계산하여 [표 7-5]에 기록하고, 각 저항의 전압을 측정하여 [표 7-5]에 기록한다. 이 때 최종적으로 결정된 전압의 부호를 [그림 7-8]의 회로도에 표시한다.

C. 중첩의 원리

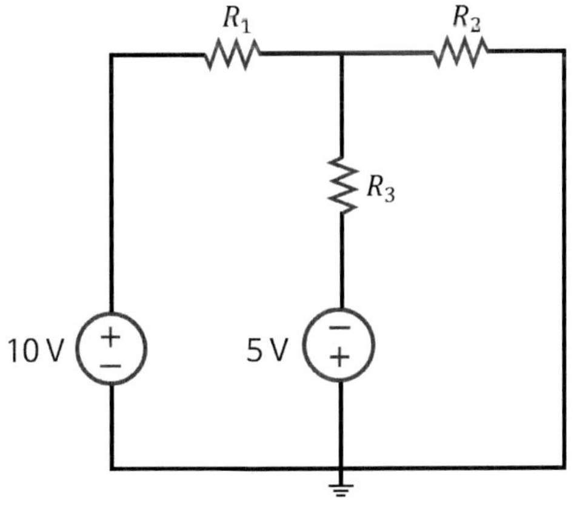

| **그림 7-6** | 중첩의 원리

① 저항기 R_1, R_2, R_3의 저항값을 측정하여 [표 7-6]에 기록한다.

② [그림 7-6]의 회로에서 DC전원 공급장치 S2를 제거(전압원 제거 = 단락)하고 회로

를 구성한다.

③ V_{s1}이 10V가 되도록 조정하고, 각 저항에서의 전압(V_1, V_2, V_3)와 전류(I_1, I_2, I_3)의 계산값과 측정값을 [표 7-7(A)]에 기록한다. 측정이 종료되면 전원공급기를 분리한다.

④ [그림 7-6]의 회로에서 DC전원 공급장치 S1을 제거(전압원 제거 = 단락)하고 회로를 구성한다.

⑤ 과정 ③과 마찬가지로 V_{s1}이 5V가 되도록 조정하고, 각 저항에서의 전압(V_1, V_2, V_3)와 전류(I_1, I_2, I_3)의 계산값과 측정값을 [표 7-7(B)]에 기록한다. 측정이 종료되면 전원공급기를 분리한다.

⑥ [그림 7-6]의 회로를 구성한다. 이 때 DC전원 공급장치의 OUTPUT A를 S1으로 OUTPUT B를 S2로 사용하고, **전원을 공급하기 전에 전원공급기의 구성(S1과 S2의 전원 공급선 (+), (−) 연결 상태, 점퍼 연결, 공동선(COMMON) 연결)을** 아래 그림에 표시한 후 조교의 확인을 받는다.

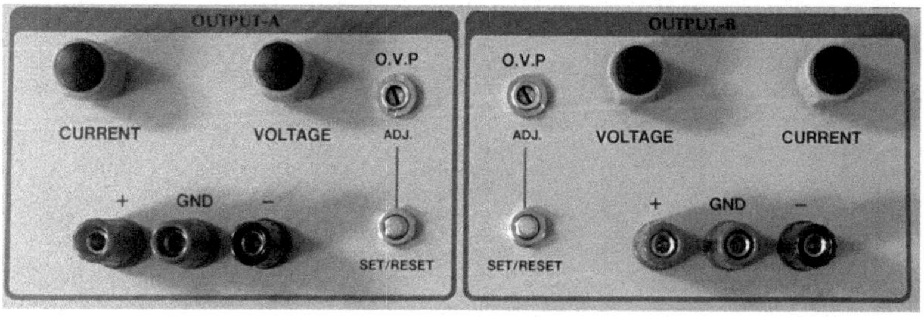

⑦ V_{s1}과 V_{s2}가 각각 10V와 5V가 되도록 조정하고, 각 저항에서의 전압(V_1, V_2, V_3)와 전류(I_1, I_2, I_3)의 계산값과 측정값을 [표 7-7(C)]에 기록한다. 측정이 종료되면 전원공급기를 분리한다.

⑧ [표 7-7]의 결과를 이용하여 중첩의 원리가 성립하는지 확인한다.

5 실험결과

A. 루프전류 해석방법

| 표 7-1 | 각 저항기에 대한 측정값

	R_1	R_2	R_3	R_4	R_5	R_6	R_7
정격값, [kΩ]							
측정값, [kΩ]							
오차율, [%]							

| 표 7-2 | 루프전류의 계산 및 측정

	계산값, [mA]	측정값, [mA]	오차율, [%]	전류계 위치
I_1				
I_2				
I_3				

| 표 7-3 | 루프전류와 저항에 흐르는 전류

저항	저항에 흐르는 전류와 루프전류 I_1, I_2, I_3와의 관계	계산값, [mA]	측정값, [mA]	오차율, [%]
R_1	$I_{R1} =$			
R_2	$I_{R2} =$			
R_4	$I_{R4} =$			
R_6	$I_{R6} =$			
R_7	$I_{R7} =$			

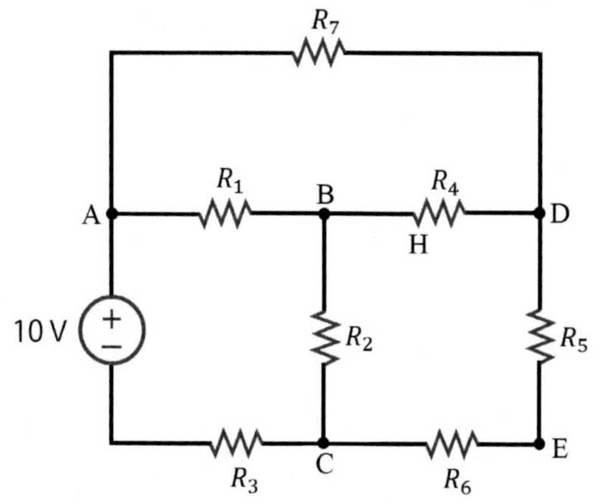

| **그림 7-7** | 저항에 흐르는 전류 표시(전류의 크기와 방향)

B. 노드전압 해석방법

| **표 7-4** | 노드전압의 계산 및 측정

	계산값, [V]	측정값, [V]	오차율, [%]
V_A			
V_B			
V_C			
V_D			
V_E			

| 표 7-5 | 노드전압과 저항 양 단의 전압

저항	저항의 전압과 노드전압과의 관계	계산값, [V]	측정값, [V]	오차율, [%]
R_1	$V_{R1} =$			
R_2	$V_{R2} =$			
R_3	$V_{R3} =$			
R_4	$V_{R4} =$			
R_5	$V_{R5} =$			
R_6	$V_{R6} =$			
R_7	$V_{R7} =$			

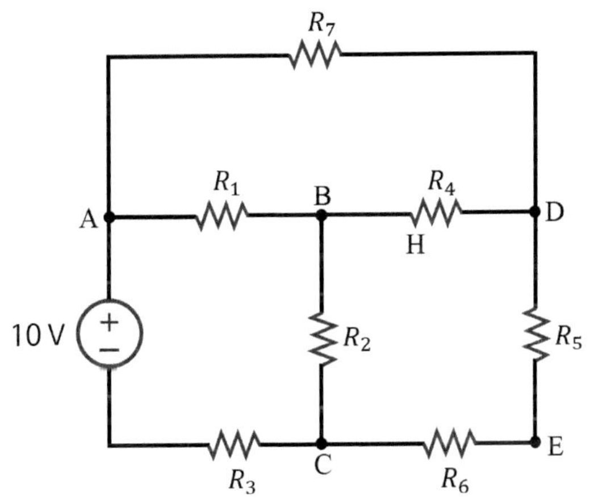

| 그림7-8 | 저항 양 단의 전압 표시(전압의 크기와 부호)

C. 중첩의 원리

| 표 7-6 | 저항기 측정

저항기	R_1	R_2	R_3
정격값, [kΩ]			
측정값, [kΩ]			
오차율, [%]			

| 표 7-7 | 중첩의 원리

전원 공급 조건		전류 [mA]			전압 [V]		
		I_1	I_2	I_3	V_1	V_2	V_3
(A) Vs1	계산값						
	측정값						
	오차율						
(B) Vs2	계산값						
	측정값						
	오차율						
(C) Vs1 +Vs2	계산값						
	측정값						
	오차율						

6 실험결과 검토

이번 실험을 통해 얻은 결론과 이론과의 비교, 실험 과정 중 팀원들과 논의했던 내용, 향후 실험을 더욱 발전적으로 수행하기 위한 개인적인 의견 등을 자유롭게 기술한다.

실험

08 등가회로 해석방법

1 실험 목적

- 중첩의 원리에 기반을 둔 노튼 등가회로 해석방법의 원리를 이해한다.
- 노튼 등가회로와 등가관계인 테브닌 등가회로 해석방법의 원리를 이해한다.

2 이론적 배경

(1) 노튼 등가회로(Norton's Equivalent Circuit)

지난 실험을 통해 중첩의 원리(Super-position's Principle)에 대해 충분히 이해했으리라 생각된다. 중첩의 원리란 위에서도 언급했듯이 '**다수 개의 독립전원을 포함한 선형회로에서 회로 내 한 부분에서의 전압 혹은 전류는 개별 독립전원에 의해 결정되는 전압 혹은 전류를 합한 것과 같다**'는 것이다. 지난 실험에서는 개별 독립전원이 주는 영향들을 모두 합해서 회로 내 한 부분에서의 전압 혹은 전류가 결정됨을 확인했다. 등가회로 해석방법에서는 총 N개의 독립전원 중 특정 전원 하나의 영향과 나머지 N-1개의 영향에 대해 살펴볼 예정이다.

전체 회로는 아래의 [그림 8-1(a)]와 같이 두 부분으로 나뉠 수 있다. 관심이 있는 부분(Circuit B)과 관심이 없는 부분(Circuit A)! 관심이 있는 부분이란 우리가 해석해야 하는 회로구성요소를 포함한 부분(전압 혹은 전류를 구하고자 하는 부분)을 의미한다. 회로 해석을 통해 Circuit B의 양 단의 전압 V_O와 Circuit B에 흐르는 전류 I_O를 구하고자 하는 경우를 생각해 보자.

먼저 [그림 8-1(b)]와 같이 Circuit B를 독립전압원 V_O로 대체한다. 이 경우에도 A와 B 간의 전압은 V_O로 유지된다. 이 상황에서 중첩의 원리를 이용하여 Circuit B에 흐르는 전류 I_O를 구하고자 한다.

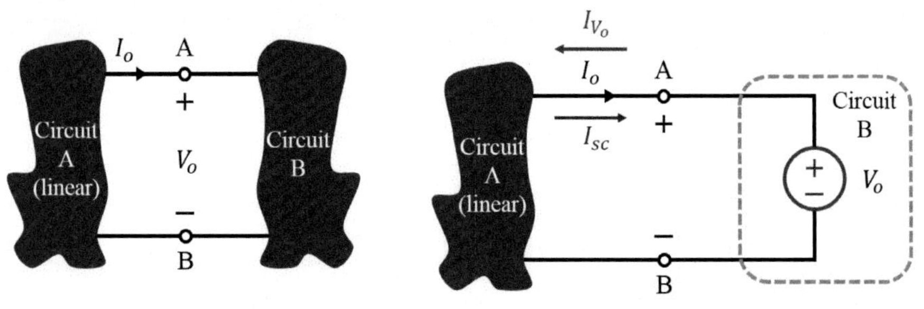

(a) (b)

| **그림 8-1** | 중첩의 원리를 적용한 등가회로의 원리

[그림 8-1(b)]의 회로에 중첩의 원리를 적용하기 위해 다음의 두 경우를 고려한다.

(1) Circuit A의 독립전원들에 의한 전류 성분 : I_{SC}

(2) Circuit B를 대체한 독립전압원 V_O에 의한 전류 성분 : I_{Vo}

먼저 Circuit A에 포함된 독립전원들에 의한 전류 성분을 계산하기 위해 독립전압원 V_O를 제거한다. 독립전압원은 단락시킴으로써 제거할 수 있음을 지난 실험을 통해 학습한 바 있다. 해당 부분을 단락시킴으로써 발생하는 전류이기 때문에 I_{SC}(Short-Circuit Current, 단락전류)라 표기하였다.

그 다음 Circuit A의 독립전원들을 모두 제거(독립전압원은 단락시키고, 독립전류원은 개방함)한 후 Circuit B의 독립전압원 V_o에 의한 전류 I_{Vo}를 계산한다. 이 때 Circuit A는 독립전원들을 모두 제거하였으므로 저항들의 직병렬 연결로만 구성될 것이다. 따라서 단자 A-B에서 Circuit A를 바라봤을 때의 저항들의 조합으로 보일 것이고 그 저항값을 테브닌 등가저항(R_{Th})이라 한다. Circuit A의 전원이 모두 제거되어 Circuit B의 V_O에 의해서만 전원이 공급되므로 I_{Vo}라 표기하였고, 그림과 같이 전류의 방향은 단자 A로 들어가는 방향으로 결정된다.

그 크기는 옴의 법칙에 의해 아래와 같이 결정된다.

$$I_{Vo} = \frac{V_O}{R_{Th}} \quad \text{(식 8.1)}$$

위의 결과를 이용하여 우리가 구하고자 하는 전류 I_O는 아래와 같다.

$$I_O = I_{SC} - I_{Vo} \quad \text{(식 8.2)}$$

위에서 살펴본 바와 같이 I_{Vo}의 방향이 I_O와 I_{SC}의 방향과 반대이므로 (−)의 부호를 가짐에 주의하라.

(식 8.2)에 (식 8.1)의 결과를 적용하여 최종적으로 노튼 등가회로를 표현하는 수식을 결정한다.

$$I_O = I_{SC} - \frac{V_O}{R_{Th}} \quad \text{(식 8.3)}$$

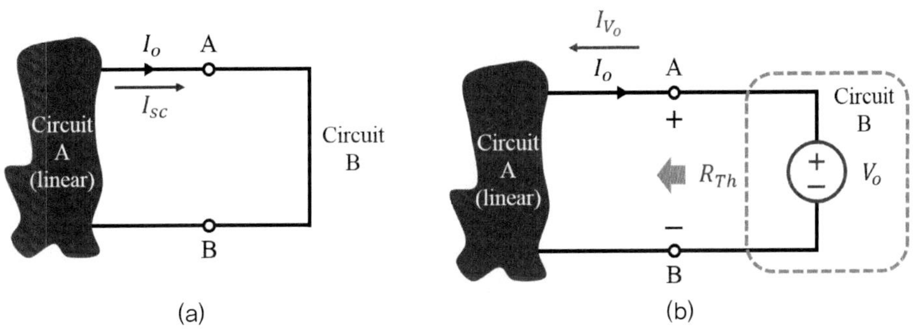

| 그림 8-2 | 노튼등가회로에서 전류 구하기

(식 8.3)을 토대로 노튼 등가회로를 아래의 [그림 8-3]과 같이 구성할 수 있다. 여기에서 등가회로(Equivalent Circuit)라 함은 '해당 부분의 전압과 전류가 같은 회로'를 의미한다. 즉, 두 회로가 서로 등가인 경우, 단자 간의 전압(V_O)과 흐르는 전류(I_O)가 두 회로에서 모두 같아야 한다.

빨간 색 노드 A에 대해 KCL을 적용하면 주입되는 전류 I_{SC}는 Circuit B로 유입되는 전류 I_O와 R_{Th}에 흐르는 전류 I_{Rth}의 합으로 표현된다. 여기에서 전류 I_{Rth}는 V_O/R_{Th}이므로

$$I_{SC} = I_O + I_{Rth} = I_O + \frac{V_O}{R_{Th}} \rightarrow I_O = I_{SC} - \frac{V_O}{R_{Th}} \quad \text{(식 8.4)}$$

(식 8.3)과 같음을 알 수 있다. 만일 단자 A–B를 개방($I_O = 0$)하는 경우, 전류원의 전류가 모두 R_{Th}쪽으로 흐르게 되므로 단자 전압 $V_O = I_{SC}R_{Th}$가 되어 (식 8.4)을 만족한다. 또한 단자 A–B를 단락하는 경우, 독립전류원에 의해 주입되는 전류 I_{SC}가 Circuit B 쪽으로 모두 흐르게 된다. 이는 앞에서 단락전류를 I_{SC}라 한 사실과 정확히 부합된다.

결과적으로 노튼 등가회로란 '**회로에서 관심이 있는 부분을 제외한 나머지 회로 부분을 독립전류원과 등가저항 한 개의 병렬연결로 등가화한 회로**'를 의미한다. 이 때 노튼 등가회로에서 독립전류원의 크기는 관심있는 부분(Circuit B)을 단락시켰을 때 흐르는 단락전류 I_O로 결정되며, 등가저항은 해당 노드 사이에서 나머지 부분(Circuit A)을 바라봤을 때의 등가저항 즉, 테브닌 등가저항(R_{Th})으로 결정된다. 이렇게 등가화를 시킨 후 Circuit B를 결합하면 간단한 병렬회로 해석이 가능하다.

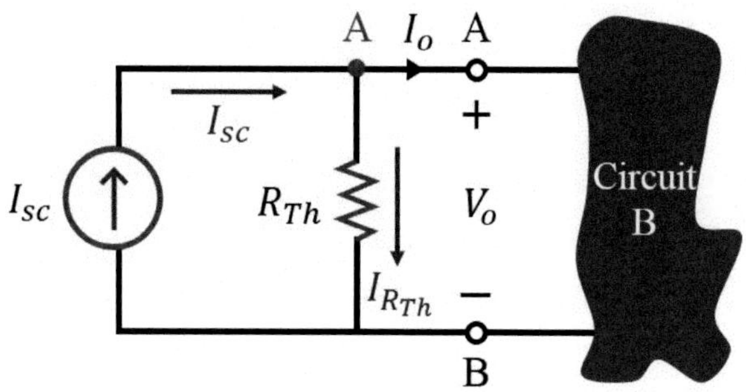

| 그림 8–3 | 노튼 등가회로의 구현

(2) 테브닌 등가회로(Thevenin's Equivalent Circuit)

테브닌 등가회로는 노턴 등가회로의 특별한 경우이다. 위의 노튼 등가회로에서 단자 A–B를 개방(Open)하는 경우를 생각해 보자. 이 때, V_O는 V_{OC}(개방전압, Open Circuit Voltage)이 되고, 개방되어 Circuit B쪽으로 전류가 흐르지 않기 때문에 I_O는 0A가 된다. 이 상황을 수식으로 표현하면 아래와 같다.

$$0 = I_{SC} - \frac{V_{OC}}{R_{Th}} \rightarrow V_{OC} = R_{Th} I_{SC} \qquad \text{(식 8.5)}$$

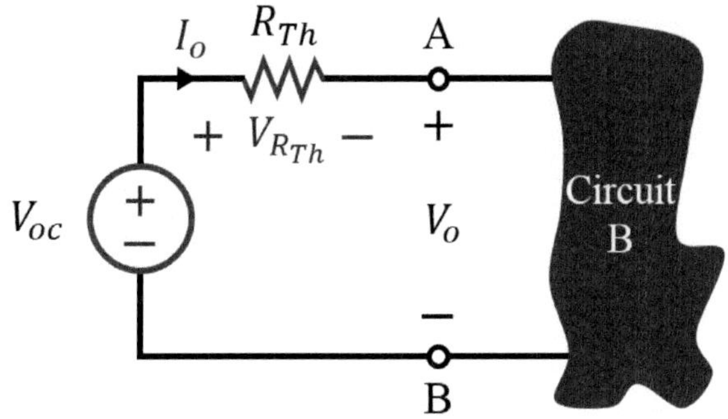

| 그림 8-4 | 테브닌 등가회로의 구현

(식 8.5)의 관계를 (식 8.3)에 대입해서 최종적으로 테브닌 등가회로를 표현하는 수식을 얻을 수 있다.

$$I_O = \frac{V_{OC}}{R_{Th}} - \frac{V_O}{R_{Th}} \rightarrow V_O = V_{OC} - R_{Th} I_O \qquad (식\ 8.6)$$

(식 8.6)을 토대로 테브닌 등가회로를 [그림 8-4]와 같이 구성할 수 있다. 해당 루프에 KVL을 적용하면 V_{OC}는 R_{Th}의 전압과 V_O의 합으로 표현된다. 여기에 V_{Rth}는 $I_O\ R_{Th}$ 이므로

$$V_{OC} = V_{RTh} + V_O = R_{Th} I_O + V_O \rightarrow V_O = V_{OC} - R_{Th} I_O \qquad (식\ 8.7)$$

(식 8.6)과 같음을 알 수 있다.

만일 Circuit B를 단락(V_O=0)하는 경우, 전압원의 전압이 R_{Th}에만 인가되므로 전류 $I_O = V_{OC}/R_{Th}$가 되어 (식 8.7)을 만족한다. 또한 단자 A-B를 개방하는 경우, 독립전압원에 의해 인가되는 전압 V_{OC}가 Circuit B에 그대로 인가된다. 이는 앞에서 개방전압을 V_{OC}라 한 사실과 정확히 부합된다.

결과적으로 테브닌 등가회로란 '**회로에서 관심이 있는 부분을 제외한 나머지 회로 부분을 독립전압원과 등가저항 한 개의 직렬연결로 등가화한 회로**'를 의미한다. 이 때 테브닌 등가회로에서 독립전압원의 크기는 관심있는 부분(Circuit B)을 개방시켰을 때의 개방전압 V_O로 결정되며, 등가저항은 해당 노드 사이에서 나머지 부분(Circuit A)을 바

라봤을 때의 등가저항 즉, 테브닌 등가저항(R_{Th})으로 결정된다. 이렇게 등가화를 시킨 후 Circuit B를 결합하면 간단한 직렬회로 해석이 가능하다.

여기서 잠깐!! 종속전원을 포함한 경우의 노튼등가회로 or 테브닌등가회로!!

앞서 설명한 바와 같이 노튼등가회로 혹은 테브닌등가회로로 등가화하기 위해서는 R_{Th}와 I_{SC} 혹은 R_{Th}와 V_{OC}를 알아야 한다. R_{Th}를 구하기 위해 관심있는 부분을 제외한 나머지 부분(Circuit A)에 포함된 독립전압원과 독립전류원을 각각 단락, 개방함으로써 독립전원들을 제거한 후 저항의 직병렬 조합으로 만들어 R_{Th}를 구할 수 있었다. 하지만 Circuit A 부분에 종속전원이 있는 경우 임의대로 전원을 제거할 수 없다. 'VSIO'를 이용해 전원을 제거할 수 있는 건 독립전원에 한정된다는 사실을 반드시 기억하기 바란다.
따라서 회로 내에 종속전원을 포함하는 경우에는 직접 R_{Th}를 구할 수 없다. 이 경우에는 (식 8.5)의 결과를 이용해야 한다. 즉, $R_{Th} = \dfrac{V_{OC}}{I_{SC}}$이므로 먼저 개방전압 V_{OC}와 단락전류 I_{SC}를 구한 후 R_{Th}를 계산한다.
결과적으로 V_{OC}, I_{SC} 그리고 R_{Th}를 모두 아는 상황이기 때문에 노튼등가회로 혹은 테브닌등가회로를 쉽게 적용할 수 있다. 이는 또한 두 등가회로가 서로 전원변환(Source Transformation)의 관계에 있음을 의미한다.

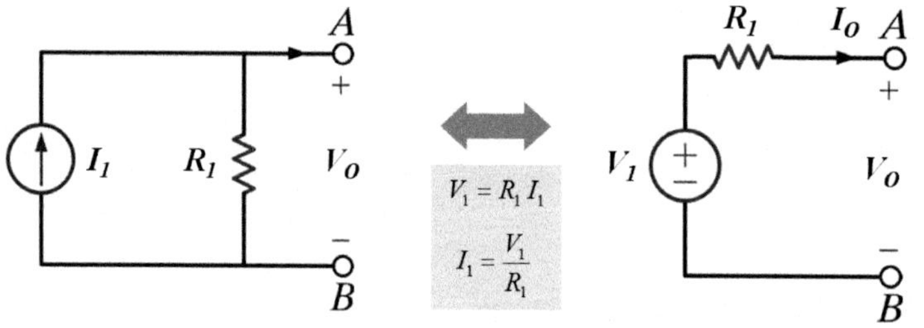

| 그림 8-5 | 전원변환(Source Transformation)

3 실험준비물

1) DC전원 공급장치
2) 디지털 멀티미터(DMM)
3) 2kΩ 저항 2개, 1kΩ 저항 1개, 서로 다른 크기의 저항 6개
4) 가변 저항기
5) 브레드보드와 도선

4 실험과정

A. 노튼 등가회로

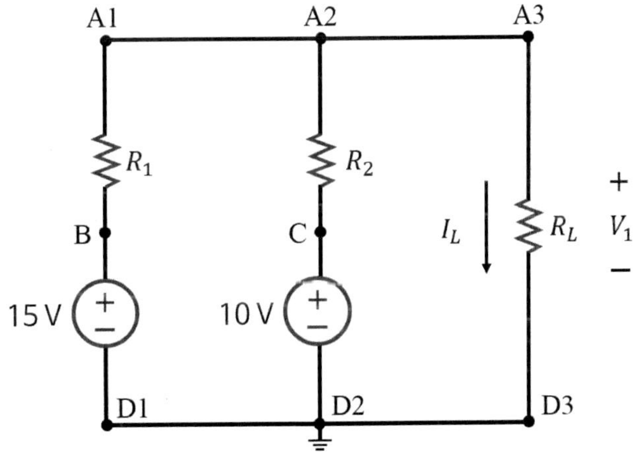

| 그림 8-6 | 노튼 등가회로의 기본회로

① 실험에 사용할 저항기 3개(R_1=2kΩ, R_2=2kΩ, R_L=1kΩ)의 저항값을 측정하여 [표 8-1]에 기록한다.

② [그림 8-6]의 회로를 구성하고, 두 개의 전원 $V_1 = 15\,V$, $V_2 = 10\,V$는 OFF 상태를 유지한다.

③ **(계산)** [그림 8-6]의 회로도 상에서 전압원은 단락(노드 B와 D1을 단락, 노드 C와 D2를 단락)시킨 상태에서 노드 A3와 D3 사이에서 바라본 테브닌 저항(R_{Th})을 계

산하여 [표 8-2]의 'R_{Th}-계산값'에 기록한다. (계산 시에는 저항 측정치를 이용할 것)

④ (**계산**) [그림 8-6]의 회로도 상에서 노드 A3와 D3를 단락시키고 여기에 흐르는 단락전류(I_S)를 계산하여 [표 8-2]의 'I_S-계산값'에 기록한다. (계산 시에는 저항 및 전압 측정치를 이용할 것)

⑤ (**계산**) [그림 8-6]의 회로도 상에서 저항 및 전압원의 측정치를 이용하여 부하저항(R_L)에 흐르는 전류(I_L)를 계산하여 [표 8-2]의 'I_L-계산값'에 기록한다.

⑥ (**계산**) [그림 8-6]의 회로도 상에서 저항 및 전압원의 측정치를 이용하여 부하저항(R_L) 양단의 전압(V_L)를 계산하여 [표 8-2]의 'V_L-계산값'에 기록한다.

⑦ [그림 8-6]의 회로에서 전원을 모두 ON시키고, 부하저항에 흐르는 전류와 부하저항 양단의 전압을 측정하여 [표 8-2]의 'I_L-원회로 측정값'과 'V_L-원회로 측정값'에 각각 기록한다.

⑧ 노드 A3와 D3 사이를 단락시키고, 단락전류를 측정하여 [표 8-2]의 'I_S-원회로 측정값'에 기록한다.

⑨ 전원을 모두 OFF한 후, 두 개의 독립전압원을 제거(노드 B와 D1을 단락, 노드 C와 D2를 단락)하고 부하저항(R_L)을 제거한다. 그리고 노드 A3와 D3 사이에서 테브닌 등가저항(R_{th})을 측정하여 [표 8-2]의 'R_{Th}-측정값'에 기록한다.

⑩ 위의 결과를 이용하여 [그림 8-6]의 회로에 대한 노튼 등가회로를 [그림 8-10]에 그린다.

⑪ 정전류원의 크기를 I_S가 되도록 하고, 가변저항기의 크기를 R_{Th}가 되도록 조절한다.

> ※ 전류원의 전류 조절이 여의치 않은 경우, 전압원으로 대체해도 무관하다. 이 때, 전압의 크기는 노튼 등가회로에 해당 전류(I_S)가 인가되도록 조절한다. (아래의 〈여기서 잠깐!! 정전류원 모드〉를 필히 숙지할 것!!)

⑫ 이 때, 부하저항에 흐르는 전류와 부하저항 양단의 전압을 측정하여 [표 8-2]의 'I_L-등가회로 측정값'과 'V_L-등가회로 측정값'에 기록한다.

⑬ 원 회로[그림 8-6]에서의 부하전류(I_L)와 부하전압(V_L)이 노튼 등가회로[그림 8-10]에서의 부하전류(I_L)와 부하전압(V_L)과 같음을 확인한다.

여기서 잠깐!! 정전류원 모드!!

1장 기본실험기구에서 DC전원 공급장치에 대해 설명한 바가 있다. DC전원 공급장치는 정전압모드와 정전류모드로 사용가능하며, 우리 실험에서 사용하는 DC전원 공급장치는 DC전압 0~30V, DC전류 약0.2~3A까지 사용가능하다. (자세한 내용은 기기 설명서를 참고할 것)

실험에서는 주로 정전압원으로 사용되었다. 회로에 사용되는 저항이 주로 수 kΩ이므로 최대 30V 인가하는 경우에도 수 십 mA의 전류가 흐르므로 정전류모드로 동작하는 경우가 거의 없다. 정전류모드는 전류제한모드(즉, 해당 전류 이상으로 전류가 흐르는 것을 제한)와 같은 의미를 지닌다.

정전류원 모드로 사용하기 위해 아래와 같이 조작한다.

(1) OUTPUT-A의 전류조절노브(1)와 전압조절노브(2)를 반시계방향으로 완전히 돌린 후 전원을 켠다.

(2) 전압조절노브(2)를 시계방향으로 돌려 10V에 맞춘다.

(3) 3 번과 5 번 출력단자를 케이블로 연결한다. 이 때, 전압계는 '0V'로 표시되고, C.C 램프가 점등된다.

(4) 전류조절노브(1)를 조절하여 정전류원의 전류(Is)로 맞춘다.

(5) 3 번과 5 번 출력단자를 연결한 케이블을 분리하고, 회로에 전원으로 인가한다.

(6) 정전류원으로 전원 인가 시, 전압은 해당 전류가 흐를 수 있도록 자동적으로 조절된다. 이는 DC전원 공급장치 입장에서는 정전류원과 정전압원의 차이가 없다는 걸 의미한다.

| 그림 8-7 | 정전류원 모드로 사용하기

※ 정전류원을 정전압원으로 대체하기 : 정전류원의 미세한 조절이 불가능한 경우(해당 장비의 경우, 정전류원으로 사용가능한 최소전류는 250mA임), 정전류원을 정전압원으로 대체할 수 있다. 다만, 정전류원의 전류가 인가되도록 전압을 조절해주어야 한다. 즉, 아래의 회로와 같이 두 회로에서 동일한 전류가 인가되도록 전압원의 크기를 조절한 후 전류원 대시 전압원을 사용할 수 있다.

전압의 크기(VS)는 $V_S = I_S \times (R_{Th}//R_L)$로 계산된다.

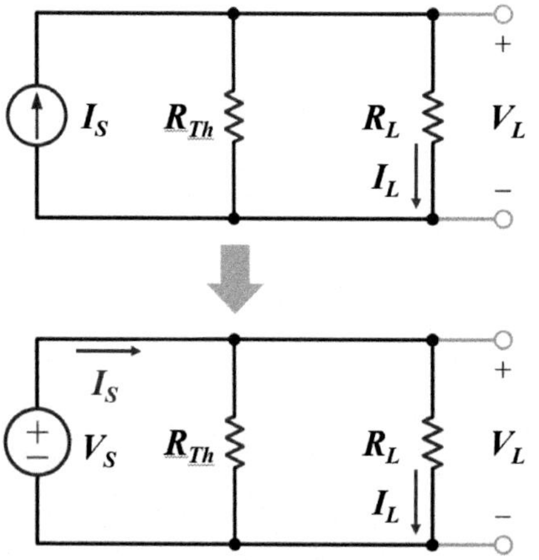

$$I_L = \frac{R_{Th}}{R_{Th}+R_L} I_S$$

$$V_L = R_L I_L = \frac{R_L R_{Th}}{R_{Th}+R_L} I_S$$

$$V_L = V_S = I_S \times (R_{Th} // R_L) = \frac{R_L R_{Th}}{R_{Th}+R_L} I_S$$

$$I_L = \frac{V_L}{R_L} = \frac{V_S}{R_L} = \frac{I_S \times (R_{Th} // R_L)}{R_L} = \frac{R_{Th}}{R_{Th}+R_L} I_S$$

| **그림 8-8** | 정전류원을 정전압원으로 대체하기

B. 테브닌 등가회로

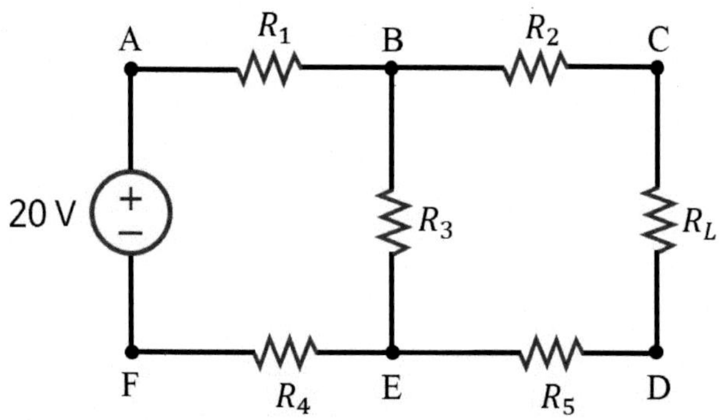

| **그림 8-9** | 테브닌 등가회로의 기본회로

① 실험에 사용할 서로 다른 저항기 6개의 저항값을 측정하여 [표 8-3]에 기록한다.

② [그림 8-9]의 회로를 구성하고, DC전원 공급장치는 OFF 상태를 유지한다.

③ **(계산)** [그림 8-9]의 회로도 상에서 전압원은 단락시킨 상태에서 노드 사이에서 바라본 테브닌 저항(R_{Th})을 계산하여 [표 8-4]의 'R_{Th}-계산값'에 기록한다. (계산 시에는 저항 측정치를 이용할 것)

④ **(계산)** [그림 8-9]의 회로도 상에서 노드 C와 D를 개방하고 해당 노드 사이의 개방전압(V_O)을 계산하여 [표 8-4]의 'V_O-계산값'에 기록한다. (계산 시에는 저항 및 전압 측정치를 이용할 것)

⑤ **(계산)** [그림 8-9]의 회로도 상에서 저항 및 전압원의 측정치를 이용하여 부하저항(R_L)에 흐르는 전류(I_L)를 계산하여 [표 8-4]의 'I_L-계산값'에 기록한다.

⑥ **(계산)** [그림 8-8]의 회로도 상에서 저항 및 전압원의 측정치를 이용하여 부하저항(R_L) 양단의 전압(V_L)를 계산하여 [표 8-4]의 'V_L-계산값'에 기록한다.

⑦ [그림 8-9]의 회로에서 전원을 ON시키고, 부하저항에 흐르는 전류와 부하저항 양단의 전압을 측정하여 [표 8-4]의 'I_L-원회로 측정값'과 'V_L-원회로 측정값'에 각각 기록한다.

⑧ 부하저항을 제거하여 노드 C와 D 사이의 개방전압을 측정하여 [표 8-4]의 'V_O-원회로 측정값'에 기록한다.

⑨ 전원을 OFF한 후, 독립전압원을 제거(노드 A와 F 사이를 단락함)하고 부하저항(R_L)을 제거한다. 그리고 노드 C와 D에서 테브닌 등가저항(R_{th})을 측정하여 [표 8-4]의 'R_{Th}-측정값'에 기록한다.

⑩ 위의 결과를 이용하여 [그림 8-9]의 회로에 대한 테브닌 등가회로를 [그림 8-11]에 그린다.

⑪ 정전압원의 크기를 V_O가 되도록 하고, 가변저항기의 크기를 R_{Th}가 되도록 조절한다.

⑫ 이 때, 부하저항에 흐르는 전류와 부하저항 양단의 전압을 측정하여 [표 8-4]의 'I_L-등가회로 측정값'과 'V_L-등가회로 측정값'에 기록한다.

⑬ 원 회로(그림 8-9)에서의 부하전류(I_L)와 부하전압(V_L)이 테브닌 등가회로(그림 8-11)에서의 부하전류(I_L)와 부하전압(V_L)과 같음을 확인한다.

5 실험결과

A. 노튼 등가회로

| 표 8-1 | 사용 저항기

	R_1	R_2	R_L
정격값, [kΩ]	2	2	1
측정값, [kΩ]			
오차율, [%]			

| 표 8-2 | 원회로와 노튼 등가회로의 비교

R_{th} [kΩ]		I_S [mA]		I_L [mA]			V_L [V]		
계산값	측정값	계산값	원회로 측정값	계산값	원회로 측정값	등가회로 측정값	계산값	원회로 측정값	등가회로 측정값

| 그림 8-10 | 노튼 등가회로의 구성

B. 테브닌 등가회로

| **표 8-3** | 사용 저항기

	R_1	R_2	R_3	R_4	R_5	R_L
정격값, [kΩ]						
측정값, [kΩ]						
오차율, [%]						

| **표 8-4** | 원회로와 테브닌 등가회로의 비교

R_{th} [kΩ]		V_O [V]		I_L [mA]			V_L [V]		
계산값	**측정값**	**계산값**	**원회로 측정값**	**계산값**	**원회로 측정값**	**등가회로 측정값**	**계산값**	**원회로 측정값**	**등가회로 측정값**

| **그림 8-11** | 테브닌 등가회로의 구성

6 실험결과 검토

이번 실험을 통해 얻은 결론과 이론과의 비교, 실험 과정 중 팀원들과 논의했던 내용, 향후 실험을 더욱 발전적으로 수행하기 위한 개인적인 의견 등을 자유롭게 기술한다.

실험 09

계측기 내부저항의 측정

1 실험 목적

- 회로 내 소자의 양단에 걸린 전압의 측정 원리를 이해하고, 전압계의 실제 내부저항을 측정한다.
- 회로 내 소자에 흐르는 전류의 측정 원리를 이해하고, 전류계의 실제 내부저항을 측정한다.

2 이론적 배경

(1) 전압 측정 원리

전압계는 회로를 구성하는 소자의 양단에 걸린 전위차를 측정하는 장비이며, 전압 측정을 위해 전압계를 회로에 추가하더라도 기존 회로의 전기적 성질에 영향을 주지 않아야 한다.

지금껏 실험을 수행하면서 전압을 측정하고자 하는 소자의 양단에 전압계의 프로브를 병렬로 연결하여 측정하였다. 그 원리에 대해 알아보자.

[그림 9-1(A)]의 회로에서 저항 R에 흐르는 전류(I_L)는 V/R로 결정되며, 노드 A로 유입된 전류 I_L은 저항(R)을 지나 노드 B로 흘러나가는 상황이다. 이 때 저항 R 양단(노드 A와 B사이)의 전압을 측정하기 위해 [그림 9-1(B)]와 같이 전압계를 회로에 병렬로 추가한다. 전압계를 추가하더라도 기존 회로의 전기적 성질 즉, 저항 R에 흐르는 전류가 변하지 않아야 하며, 이는 노드 A에서 전압계로 분기되는 전류가 0A가 되어야 함을 의미한다. 결국 병렬로 연결된 전압계로 흐르는 전류가 0A가 되기 위해서는 전압계 내부저항은 '∞Ω'이 되어야 한다.

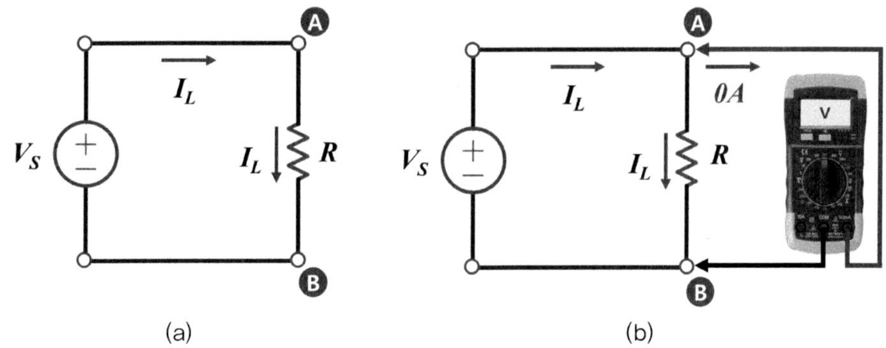

| 그림 9-1 | 전압계의 측정 원리

실제 전압계의 내부 저항이 무한대가 될 수 없으므로 매우 큰 저항값(R_v)을 갖는다고 가정하자. 결국 전압계로는 매우 작은 전류가 흐르게 되며 이 값을 감지하여 실제의 전압값으로 디스플레이해주는 과정(이 과정을 눈금조정, Calibration이라고 함)을 거치게 된다.

(2) 전류 측정 원리

전류계는 회로를 구성하는 소자에 흐르는 전류를 측정하는 장비이며, 전류 측정을 위해 전류계를 회로에 추가하더라도 기존 회로의 전기적 성질에 영향을 주지 않아야 한다.

지금껏 실험을 수행하면서 전류를 측정하고자 하는 소자에 전류계의 프로브를 직렬로 연결하여 측정하였다. 그 원리에 대해 알아보자.

[그림 9-2(A)]의 회로에서 저항 R에 흐르는 전류(I_L)는 V/R로 설정되며, 이 때 저항 R에 흐르는 전류를 측정하기 위해 [그림 9-2(B)]와 같이 노드 A와 B 사이를 개방한 후 전류계를 회로에 직렬로 추가한다. 전류계를 추가하더라도 기존 회로의 전기적 성질 즉, 저항 R에 흐르는 전류가 변하지 않아야 하며, 이는 전류계의 내부저항과 저항의 총 저항이 여전히 저항 R과 같아야 함을 의미한다. 결국 직렬로 연결된 전류계로 흐르는 전류가 원 회로에 흐르던 전류와 같기 위해서는 전류계 내부 저항은 '0Ω'이 되어야 한다.

실제 전류계의 내부 저항이 0이 될 수 없으므로 매우 작은 저항값(R_i)을 갖는다고 가정하자. 결국 전류계 양 단에는 매우 작은 전압이 걸리게 되며 이 값을 감지하여 실제의 전류값으로 디스플레이해주는 과정(이 과정을 눈금조정, Calibration이라고 함)을 거치게 된다.

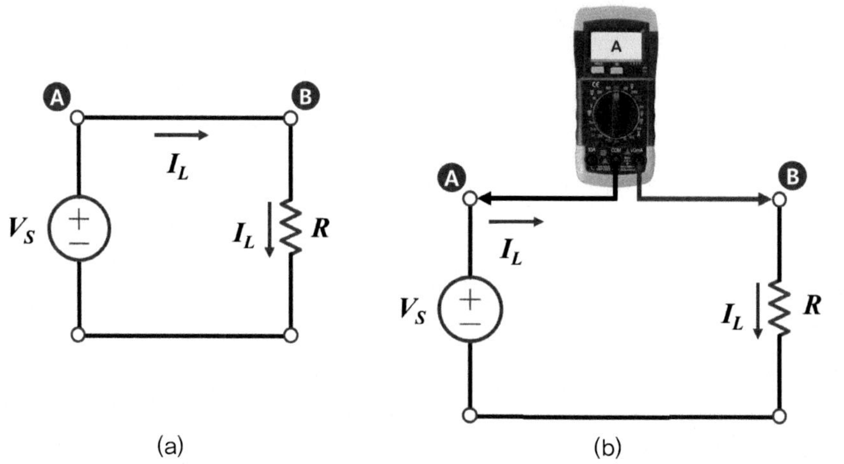

| 그림 9-2 | 전류계의 측정 원리

3 실험준비물

1) DC전원 공급장치
2) 디지털 멀티미터(DMM) 2대(전압계와 전류계의 역할을 바꾸지 말 것)
3) 1kΩ, 2kΩ, 100kΩ, 200kΩ 저항 각 1개
4) 브레드보드와 도선

4 실험과정

A. 전압계/전류계의 내부저항 측정 1

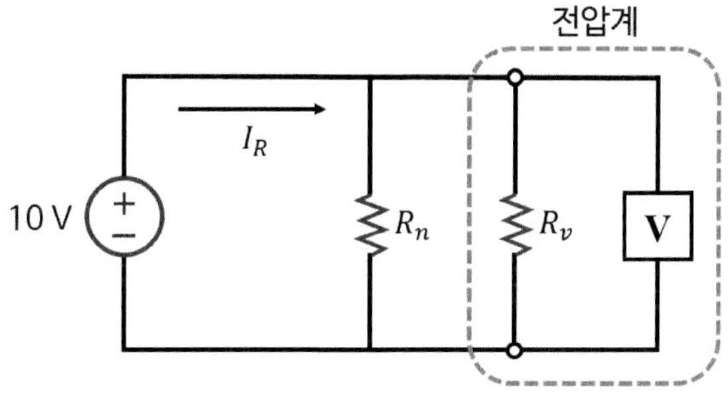

| 그림 9-3 | 전압 측정을 통한 전류 계산

① 실험에 사용할 저항기 4개(R_1=100kΩ, =200kΩ, R_3=1kΩ, R_4=2kΩ)의 저항값을 측정하여 [표 9-1]에 기록한다. (이 때, 해당 크기의 저항기가 없는 경우, 여러 저항기의 조합으로 구성한다.)

② 저항기 R_1을 R_n으로 사용하여 [그림 9-3]의 회로를 구성하고, $V_S = 10\,V$를 인가한다.

③ 전압계를 이용하여 DC전원 공급장치의 전압(V_S)을 정확히 측정하여 '[표 9-2]-ⓐ 인가전압 측정값'에 기록한다.

④ ①에서 측정한 R_1의 저항값과 ③에서 측정한 Vs의 전압값을 이용하여 저항 R_1에 흐르는 전류값을 계산하고, 그 결과를 '[표 9-2]-ⓑ전류계산값'에 기록한다.

⑤ [그림 9-4]와 같이 전류계를 회로에 추가하여 측정된 전압과 전류를 '[표 9-2]-ⓒ 전압측정값'과 '[표 9-2]-ⓓ전류측정값'에 기록한다. (이 때, 전압계의 전압이 줄어드는 것을 확인한다. 즉, ⓒ가 ⓐ보다 작아지는지를 관찰한다. 이는 전류계의 내부저항에 의해 R_n에 인가되는 전압이 작아짐을 의미한다.)

⑥ (ⓐ-ⓒ)/ⓓ로 저항 R_A를 계산하고, ⓓ=ⓒ/R_n+ⓒ/R_v로 저항 R_v를 계산하여 [표 9-2]에 기록한다.

⑦ 위의 ⑥번에 나온 저항 계산식에 대해 팀원들과 토론한다.

⑧ 저항기 R_2에 대해 ②~⑥번 실험을 반복하고 계산된 R_A와 R_V의 평균값을 [표 9-2]에 기록한다.

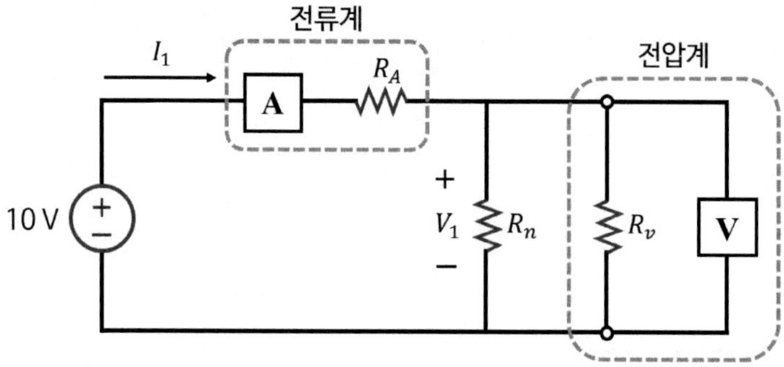

| 그림 9-4 | 전압계/전류계의 내부저항 측정 1

B. 전압계/전류계의 내부저항 측정 2

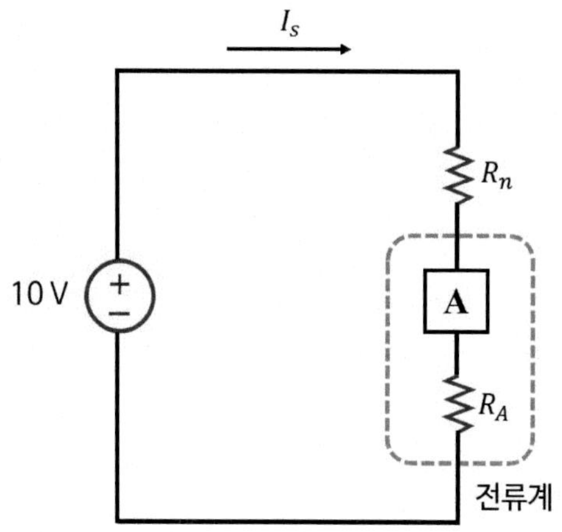

| 그림 9-5 | 전류 측정을 통한 전압 계산

① 저항기 R_3을 R_n으로 사용하여 [그림 9-5]의 회로를 구성하고, $V_S = 10\,V$를 인가한다.

② 전류계를 이용하여 저항 R_n에 흐르는 전류(I_S)를 정확히 측정하여 '[표 9-3]-ⓐ회로전류 측정값'에 기록한다.

③ [그림 9-6]과 같이 전압계를 회로에 추가하여 측정된 전압을 '[표 9-3]-ⓑ전압측정값1'에 기록한다.

④ A-①에서 측정한 R_3의 저항값을 이용하여 $(R_n + R_A)\times$ⓐ=ⓑ에서 R_A를 계산하여 [표 9-3]에 기록한다.

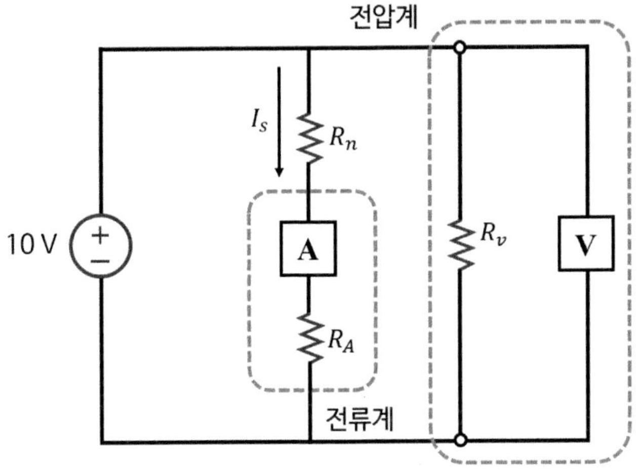

| 그림 9-6 | 전압계/전류계의 내부저항 측정 2

⑤ [그림 9-7]과 같이 전압계를 회로에 추가하여 측정된 전류와 전압을 '[표 9-3]-ⓒ 전류측정값'과 '[표 9-3]-ⓓ전압측정값2'에 기록한다. (이 때, 전류계의 전류가 증가하는 것을 확인한다. 즉, ⓒ가 ⓐ보다 증가하는지를 관찰한다. 이는 전압계의 내부저항과 R_n에 병렬로 연결되면서 합성저항이 처음 R_n보다 작아짐을 의미한다.)

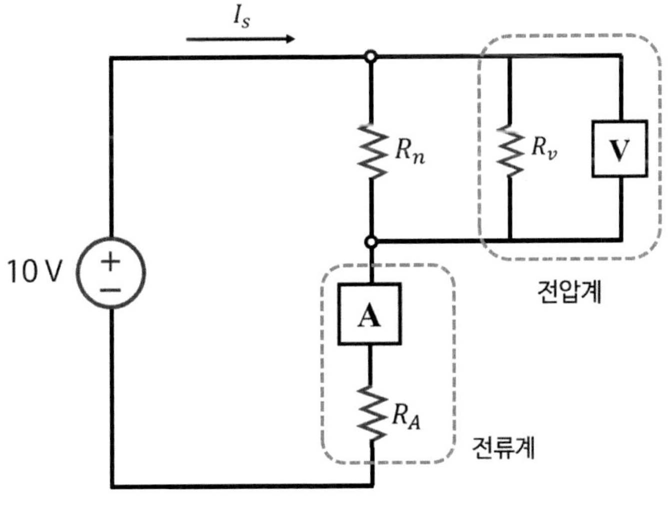

| 그림 9-7 | 전압계/전류계의 내부저항 측정 2

⑥ ⓒ=ⓓ/R_n+ⓓ/R_V를 이용하여 저항 R_V를 계산하여 [표 9-3]에 기록한다.

⑦ 위의 ④번과 ⑥번에 나온 저항 계산식에 대해 팀원들과 토론한다.

⑧ 저항기 R_4에 대해 ①~⑥번 실험을 반복하고 계산된 R_A와 R_V의 평균값을 [표 9-3]에 기록한다.

⑨ 실험 A와 실험 B에서 저항기의 크기를 달리 한 이유(실험 A에서는 수 백 kΩ의 저항을, 실험 B에서는 수 kΩ의 저항을 사용함)에 대해 팀원들과 토의한다.

5 실험결과

A. 전압계/전류계의 내부저항 측정 1

| 표 9-1 | 저항값 측정

	R_1	R_2	R_3	R_4
정격값, [kΩ]				
측정값, [kΩ]				
오차율, [%]				

| 표 9-2 | 전압계/전류계의 내부저항 추정 1

	ⓐ 인가전압 (V_S) 측정값, [V]	ⓑ 전류계산값, [mA]	ⓒ 전압측정값, [V]	ⓓ 전류측정값, [mA]	R_A, [Ω] (ⓐ−ⓒ)/ⓓ	R_V, [kΩ] ⓓ=ⓒ/R_n+ⓒ/R_v
R_1						
R_2						
평균						

B. 전압계/전류계의 내부저항 측정 2

| 표 9-3 | 전압계/전류계의 내부저항 추정 2

	ⓐ 회로전류(I_S) 측정값, [mA]	ⓑ 전압 측정값1, [V]	ⓒ 전류측정값, [mA]	ⓓ 전압 측정값2, [V]	R_A, [Ω] ⓑ=(R_n + R_A)×ⓐ	R_V, [kΩ] ⓒ=ⓓ/R_n+ⓓ/R_V
R_3						
R_4						
평균						

6 실험결과 검토

이번 실험을 통해 얻은 결론과 이론과의 비교, 실험 과정 중 팀원들과 논의했던 내용, 향후 실험을 더욱 발전적으로 수행하기 위한 개인적인 의견 등을 자유롭게 기술한다.

실험

10 전기회로의 응용

1 실험 목적

- 발전원으로부터 부하로 전달되는 전력이 최대가 되기 위한 부하저항의 조건에 대해 학습한다.
- 평형 브릿지 회로의 원리를 이해한다.

2 이론적 배경

(1) 최대전력 전달 조건(Maximum Power Transfer)

우리는 일상생활에서 '전기를 아끼자!' 혹은 '전기를 많이 사용한다.'라는 말을 흔히 접하게 된다. 과연 전기를 아끼고, 사용한다는 말은 과연 무슨 의미일까?

우리는 일상생활에서 가전제품을 사용하기 위해 전기를 소비한다. 가전제품이 전기를 소비한다는 것은 가전제품 방향으로 전류가 흘러 들어간다는 의미이다. 전압은 220V를 사용하므로 상수(Constant)로 간주할 수 있다. 따라서, 전력(Power)은 전압과 전류의 곱으로 정의될 수 있다. 즉, 전력은 전압이 일정할 때에는 전류에 의해 결정되며, 전류가 일정할 때에는 전압의 크기에 의해 결정된다.

순간적으로 소비되는 전력(순간소비전력) $p(t)$는 다음과 같이 정의된다.

$$p(t) = v(t) \times i(t) \quad \text{(식 10.1)}$$

이 때, $p(t)$의 단위로는 W(와트)가 사용된다. 현재 DC회로에 대해 실험을 하고 있으므로 전압과 전류가 상수로 간주해서 P=VI [W]로 계산할 수 있다.

그러면 소비와 생산은 어떻게 구분해야 하는가? 회로 내의 개별 소자에 의해 소비 혹은 생산되는 전력(DC회로에서는 유효전력만 존재하며, 이를 일반적으로 전력이라 함)

의 총량은 정확히 일치해야 한다. 에너지 보존의 측면에서도 이는 충분히 합리적인 결론이다. 물론 에너지는 시간에 대한 전력의 적분값으로 정의되나, DC 환경에서는 시간에 따라 전력이 변하지 않으므로 에너지와 같은 차원으로 봐도 무방하다. 전력의 소비와 생산은 수동부호규약(Passive Sign Convention)에 의해 결정된다. 수동부호규약(Passive Sign Convention)이란 「소자의 '+'단자로 전류가 흘러 들어가는 경우, 해당 소자는 전력을 소비한다고 하고 이 때 전력(P)의 부호를 '+'로 정한다.」라는 약속이다.

[그림 10-1]의 회로에서 전력의 소비와 생산을 계산해보도록 하자. 먼저 KVL을 적용하여 전압의 관계를 알아본다.

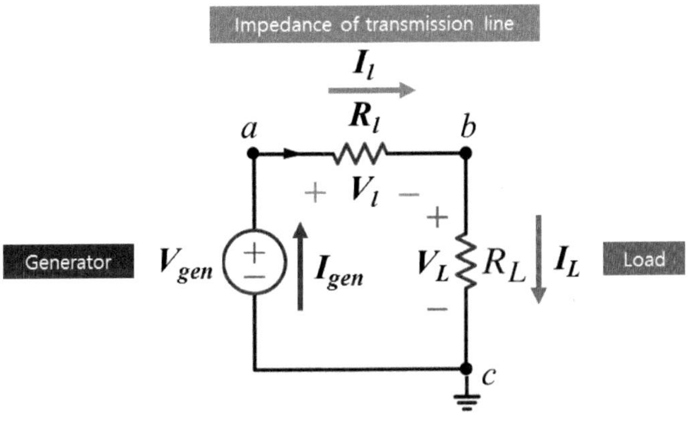

| 그림 10-1 | 일반적인 전기회로에서의 최대전력 전달 조건

편의상 노드 c에 접지를 추가해서 전압의 기준(0V)을 잡고, 노드 a-c의 전위차를 KVL로 구하면

$$V_{a-c} = V_{a-b} + V_{b-c} \leftrightarrow V_{gen} = V_l + V_L \qquad \text{(식 10.2)}$$

로 정리할 수 있다.

저항 R_l과 R_L 양단의 전압을 전류(루프에 흐르는 전류는 모두 같으므로, $I_l = I_L = I_{gen} = I$)로 표현하면 아래와 같다.

$$\begin{aligned} V_{gen} &= V_l + V_L = R_l I_l + R_L I_L = I(R_l + R_L) \\ \rightarrow\ I &= \frac{V_{gen}}{R_l + R_L} \end{aligned} \qquad \text{(식 10.3)}$$

수동부호규약에 따라 구성요소별 생산 전력과 소비 전력은 아래와 계산된다.

$$\text{독립전압원(발전원)} : P_{gen} = V_{gen} \times I = \frac{V_{gen}^2}{R_l + R_L} \ (\text{W, 생산}) \quad (\text{식 } 10.4)$$

$$\text{선로저항}(R_l) : P_l = I^2 R_l = \left(\frac{V_{gen}}{R_l + R_L}\right)^2 R_l \ (\text{W, 소비}) \quad (\text{식 } 10.5)$$

$$\text{부하저항}(R_L) : P_L = I^2 R_L = \left(\frac{V_{gen}}{R_l + R_L}\right)^2 R_L \ (\text{W, 소비}) \quad (\text{식 } 10.6)$$

(식 10.4) ~ (식 10.6)으로부터 생산되는 전력의 총량은 소비되는 전력의 총량과 같음(Tellegen's Theorem이 성립함)을 확인할 수 있다.

(식 10.6)에서 부하저항을 가변저항으로 생각하고, 부하저항에서 소비되는 전력이 최대가 되도록 부하저항(R_L)의 값을 결정하는 문제를 생각해보자. 즉, 부하저항(R_L)에서 소비되는 전력(P_L)을 부하저항의 크기에 대한 함수로 생각하고, 함수값을 최대로 만드는 부하저항(R_L)의 값을 결정하는 문제를 생각할 수 있다.

이는 일반적인 최대, 최소(최적화)의 문제를 푸는 것으로 아래와 같은 수식으로 표현된다.

$$\max(P_L = f(R_L)) \leftrightarrow \frac{dP_L}{dR_L} = 0 \quad (\text{식 } 10.7)$$

물론 (식 10.7)의 최적화 문제에서 $dP_L/dR_L = 0$을 만족하는 R_L에서 최대인지 최소인지는 이계도함수의 부호를 살펴봐야 한다. 즉, 위에서 결정된 R_L에 대해 이계도함수의 부호가 양수이면 최소값을 갖고, 음수이면 최대값을 갖는다.

(식 10.6)을 R_L에 대해 미분하면,

$$P_L = f(R_L) = \left(\frac{V_{gen}}{R_l + R_L}\right)^2 R_L = \frac{V_{gen}^2 R_L}{(R_l + R_L)^2}$$

$$\Rightarrow P_L' = \frac{dP_L}{dR_L} = \frac{V_{gen}^2 (R_l + R_L)^2 - 2V_{gen}^2 R_L (R_l + R_L)}{(R_l + R_L)^4} \quad \text{(식 10.8)}$$

$$= \frac{V_{gen}^2 (R_l + R_L)\{(R_l + R_L) - 2R_L\}}{(R_l + R_L)^4} = \frac{V_{gen}^2 (R_l - R_L)}{(R_l + R_L)^3} = 0$$

저항값은 음수가 될 수 없으므 로 (식 10.8)을 만족하도록 R_L값을 결정하면 $R_L = R_l$이다. 즉, 부하저항(R_L)이 선로저항(R_l)과 같을 때, 부하측으로 전달되는 전력이 최대 혹은 최소가 됨을 알 수 있다. $R_L = R_l$에서 최대인지 혹은 최소인지를 확인하기 위해 2계도함수를 구하고 $R_L = R_l$을 대입하여 부호를 살펴보도록 하자.

$$P_L = \frac{d}{dR_L}\left(\frac{dP_L}{dR_L}\right) = \frac{-V_{gen}^2 (R_l + R_L)^3 - 3V_{gen}^2 (R_l - R_L)(R_l + R_L)^2}{(R_l + R_L)^6} \quad \text{(식 10.9)}$$

$$= \frac{-V_{gen}^2 (R_l + R_L)^2 \{(R_l + R_L) + 3(R_l - R_L)\}}{(R_l + R_L)^6} = \frac{-V_{gen}^2 (4R_l - 2R_L)}{(R_l + R_L)^4}$$

(식 10.9)에서 $R_L = R_l$을 대입하여 P_L''의 부호를 살펴보면 음수이기 때문에, 이를 통해 부하저항(R_L)이 선로저항(R_l)과 같을 때, 부하측으로 전달되는 전력이 최대가 됨을 확인할 수 있다.

(2) 평형 브릿지 회로(Wheatstone Bridge)

평형 브릿지 회로는 이미 알고 있는 3개의 저항을 이용하여 미지의 저항값을 측정하기 위한 회로로서, 영국 출신 발명가인 찰스 휫스톤에 의해 고안되어 Wheatstone Bridge라고도 일컫는다.

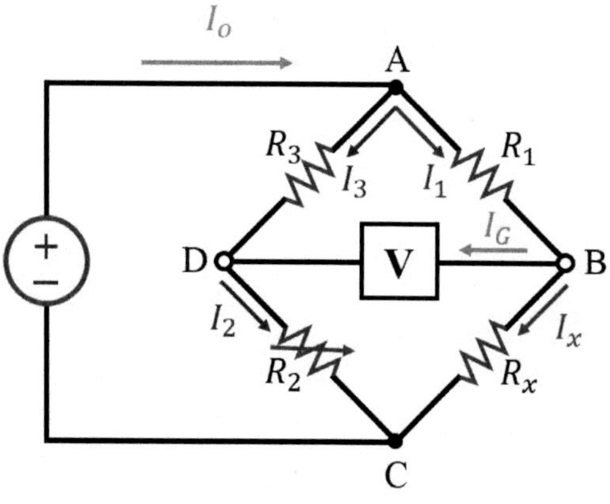

| 그림 10-2 | 평형 브릿지 회로

미지의 저항 R_x와 이미 저항값을 알고 있는 R_1과 R_3를 [그림 10-2]의 회로와 같이 설치하고 R_2는 가변저항으로 생각한다. 즉, 노드 B와 D에 흐르는 전류가 '0A'가 되도록 혹은 노드 B와 D의 전위가 같아지도록 R_2를 바꿔가면서 관찰한다.

많은 실험교재에서 노드 B와 D에 흐르는 전류가 '0A'가 되도록 가변저항 R_x를 조절하고, R_x의 저항값을 DMM으로 측정하여 구하라고 하지만, 미지의 저항 R_x의 저항값을 구하는데, 가변저항(R_2)을 조절한 후 가변저항의 저항값을 DMM으로 측정하고 그 값을 이용하여 R_x의 저항값을 계산하는 것은 모순아닌가? 처음부터 미지의 저항 R_x의 저항값을 DMM으로 측정하면 될 것을...

본 회로를 고안했을 당시에는 R_2를 이미 저항값을 알고 있는 저항들로 바꿔가면서 최대한 노드 B와 D에 흐르는 전류가 '0A'가 되도록 실험을 수행했을 것이다.

본 실험에서도 저항 R_2에 이미 알고 있는 수많은 저항을 사용해야 하지만 실험의 여건 상 가변저항을 사용하여 조건을 만족하는 저항 R_2의 값을 찾고, 그 측정값을 이용하여 R_x의 저항값을 계산할 것이다. 그 이유는 충분히 설명된 것으로 하자.

평형 브릿지 회로의 동작원리를 알아보기 위해 [그림 10-2]의 회로를 살펴보자. 전원에 의해 노드 A로 전류 I_0가 유입된다 가정하자. 유입전류 I_0는 노드 A에서 I_1과 I_3로 나뉘게 된다. 이 전류는 다시 노드 B와 노드 D에서 검류계로 흐르는 전류와 R_x와 R_2로 흐르는 전류로 각각 나뉘게 된다. 이 때 검류계의 전류가 '0A'가 되도록 가변저항 R_2를 조절하면, $I_x = I_1$ 그리고 $I_2 = I_3$가 된다.

검류계의 전류가 '0A'이 되는 것은 노드 B와 D 사이의 전위차가 '0V'가 됨을 의미하므로 각 노드의 전압이 다음과 같이 결정된다.

$$V_{DC} = V_{BC} \quad \text{and} \quad V_{AD} = V_{AB} \tag{식 10.10}$$

(식 10.10)을 전류로 표현하면,

$$R_2 I_2 = R_x I_x \quad \text{and} \quad R_3 I_3 = R_1 I_1 \quad (where\ I_2 = I_3 \ \text{ and } I_x = I_1) \tag{식 10.11}$$

이 되고, (식 10.11)은 아래와 같이 정리된다.

$$\begin{cases} R_2 I_2 = R_x I_x \rightarrow \dfrac{I_2}{I_x} = \dfrac{R_x}{R_2} \\ R_3 I_3 = R_1 I_1 \rightarrow \dfrac{I_3}{I_1} = \dfrac{R_1}{R_3} \end{cases} \rightarrow \frac{R_x}{R_2} = \frac{I_2}{I_x} = \frac{I_3}{I_1} = \frac{R_1}{R_3}$$

$$\therefore \frac{R_x}{R_2} = \frac{R_1}{R_3} \quad \Leftrightarrow \quad R_x = \frac{R_1 R_2}{R_3} \tag{식 10.12}$$

3 실험준비물

1) DC전원 공급장치
2) 디지털 멀티미터(DMM)
3) 서로 다른 저항 3개(1kΩ 저항 1개 포함)
4) 가변 저항기
5) 브레드보드와 도선

4 실험과정

A. 최대전력 전달 조건

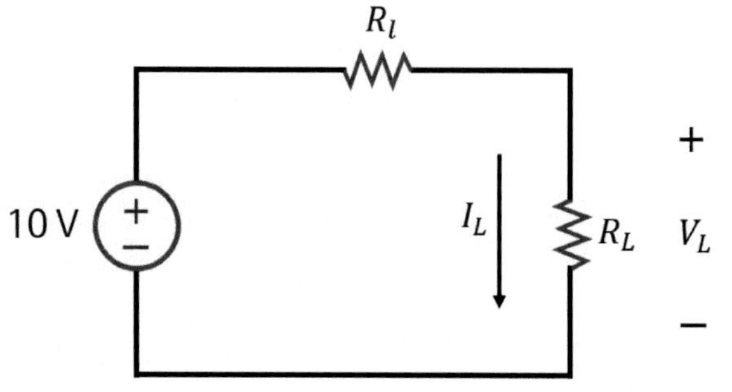

| 그림 10-3 | 직렬회로에서의 전력 계산 회로

① 서로 다른 저항기 2개를 선택하고 저항값이 작은 저항을 R_l로, 큰 저항은 R_L로 사용한다. 각 저항의 저항값을 측정하여 [표 10-1]에 기록한다.

② [그림 10−3]의 회로를 구성하고, DC전원 공급장치의 전압 V_S = 10V로 조절한다.

③ 이 때, 인가되는 전압 V_S와 회로에 흐르는 전류 I_L, 그리고 저항 R_L 양 단의 전압 V_L을 측정하여 [표 10-1]에 기록한다.

④ **(계산)** 위에서 측정한 결과를 이용하여 아래의 방법 (a), (b), (c)대로 부하에서 소비되는 전력 P_L을 계산하고 [표 10-2]에 기록한다.

(a) V_L과 I_L을 이용하여 계산

(b) V_L과 R_L을 이용하여 계산

(c) I_L과 R_L을 이용하여 계산

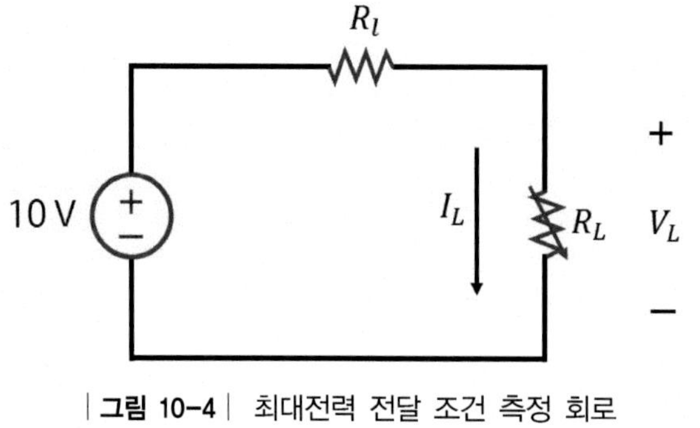

| 그림 10-4 | 최대전력 전달 조건 측정 회로

⑤ **(계산)** [그림 10-3]의 DC전원 공급장치에 의해 생산되는 전력 P_S를 계산하여 [표 10-2]에 기록한다.

⑥ R_l을 1kΩ으로 고정하고, R_L은 가변저항으로 하여 [그림 10-4]의 회로를 구성한다. 이 때, DC전원 공급장치의 전압은 10V로 조절한다.

⑦ R_l의 저항값을 측정하여 [표 10-3]에 기록한다.

⑧ 가변저항 R_L을 0Ω(최저저항)으로 맞추고 그 측정값을 [표 10-3]-R_L의 맨 윗 칸에 기록한다. 가변저항의 저항값을 측정할 때에는 반드시 회로에서 분리한 후에 측정한다.

⑨ 회로에 흐르는 전류 I_L을 측정하여 [표 10-3]에 기록한다.

⑩ 측정된 저항값과 전류값을 이용하여 부하에서 소비되는 전력 P_L과 DC전원 공급장치에서 생산되는 전력 P_S를 계산하여 [표 10-3]에 기록한다. 이 때, R_l과 R_L에서 소비되는 전력의 합이 생산되는 전력 P_S와 같음을 이용한다.

⑪ 가변저항값을 0(최소저항) ~ 10kΩ(최대저항) 사이에서 총 10 단계로 나눠 ⑧ ~ ⑩의 과정을 반복한다. 이 때, 10단계 중 반드시 중간에 R_l의 저항값과 같은 1kΩ이 포함되도록 단계를 설정한다.

⑫ [표 10-3]의 작성이 완료되면 Excel(엑셀)을 이용하여 표를 그리고 그 결과를 분석한다.

⑬ 엑셀 그래프에서 P_L이 최대가 되는 조건을 찾고, 그 결과에 대해 팀원들과 토론한다.

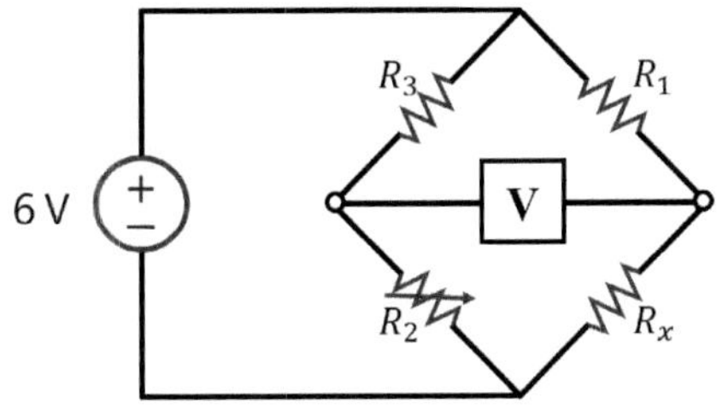

(a) 전압계를 이용한 브릿지회로

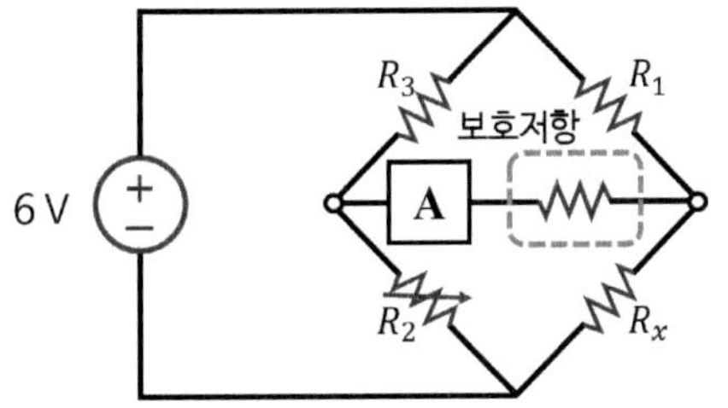

(b) 전류계를 이용한 브릿지회로

| **그림 10-5** | 평형 브릿지 회로

B. 평형 브릿지 회로

① R_1과 R_3로 사용할 저항 2개를 선택하여 그 저항값을 측정하고 [표 10-4]에 기록한다.

② 미지의 저항기 R_2와 가변저항기를 이용하여 [그림 10-5]와 같이 회로를 구성하고, DC전원 공급장치의 전압 V_S = 6V로 조절한다.

③ 노드 B와 D 사이에 전압계를 삽입하여 두 노드 간의 전위차를 관찰한다. 이 때, 전압계 대신 전류계를 사용해도 무관하나 전류계의 내부저항이 매우 작으므로 반드시 보호저항을 직렬로 연결하여 사용하도록 한다.

④ 가변저항 R_2의 값을 최대로 한 후 노드 B와 D 사이의 전압이 '0V'되도록 가변저항을 서서히 감소시킨다.

⑤ 노드 B와 D의 전압이 '0V'가 되는 순간(혹은 노드 B와 D 사이에 흐르는 전류가 '0A'가 되는 순간) DC전원 공급장치를 'OFF'시키고 가변저항 R_2의 저항값을 측정하여 [표 10-4]에 기록한다.

⑥ R_1, R_2 그리고 R_3의 측정값을 이용하여 미지의 저항값을 계산하여 [표 10-4]에 기록한다.

⑦ DMM을 이용하여 미지의 저항값을 측정하여 [표 10-4]에 기록하고 오차율을 계산한다.

⑧ R_1과 R_3로 사용한 저항을 서로 바꿔 위의 실험을 반복하고 [표 10-5]에 기록한다. 실험을 마친 후 그 결과를 팀원들과 토론한다.

5 실험결과

A. 최대전력 전달 조건

| 표 10-1 | 직렬회로에서의 파라미터 측정

	R_l, [kΩ]	R_L, [kΩ]	V_S, [V]	I_L, [mA]	V_L, [V]
정격값					
측정값					
오차율, [%]					

| 표 10-2 | 직렬회로에서의 전력 계산

	전력 계산 공식 및 계산 과정	계산 전력값 [mW]
P_L(R_L에서의 소비전력)	(a)	
	(b)	
	(c)	
P_S(전압원에서의 생산전력)		

| 표 10-3 | 최대전력 전송 회로 실험 데이터

R_l, [kΩ]	R_L, [kΩ]	$R_l + R_L$, [kΩ]	I_L, [mA]	P_L, [mW]	P_S, [mW]

| 그림 10-6 | 최대전력 전달 조건을 찾기 위한 엑셀 그래프

B. 평형 브릿지 회로

| 표 10-4 | 미지의 저항값 계산 1

<table>
<tr><th></th><th>R_1</th><th>R_3</th><th>가변저항기
R_2</th><th>미지의 저항값
계산, R_x</th><th>미지의 저항값
측정, R_x</th></tr>
<tr><td>정격값, [kΩ]</td><td></td><td></td><td rowspan="3"></td><td rowspan="2">$\frac{R_1 R_2}{R_3}=$</td><td rowspan="2"></td></tr>
<tr><td>측정값, [kΩ]</td><td></td><td></td></tr>
<tr><td>오차율, [%]</td><td></td><td></td><td colspan="2"></td></tr>
</table>

| 표 10-5 | 미지의 저항값 계산 2

<table>
<tr><th></th><th>R_1,
[표 10-4]의
R_3</th><th>R_3,
[표 10-4]의
R_1</th><th>가변저항기
R_2</th><th>미지의
저항값 계산,
R_x</th><th>미지의
저항값 측정,
R_x</th></tr>
<tr><td>정격값, [kΩ]</td><td></td><td></td><td rowspan="3"></td><td rowspan="2">$\frac{R_1 R_2}{R_3}=$</td><td rowspan="2"></td></tr>
<tr><td>측정값, [kΩ]</td><td></td><td></td></tr>
<tr><td>오차율, [%]</td><td></td><td></td><td colspan="2"></td></tr>
</table>

6 실험결과 검토

이번 실험을 통해 얻은 결론과 이론과의 비교, 실험 과정 중 팀원들과 논의했던 내용, 향후 실험을 더욱 발전적으로 수행하기 위한 개인적인 의견 등을 자유롭게 기술한다.

실험

11 교류회로 측정

1 실험 목적

- 함수발생기의 기능 및 작동법에 대해 학습한다.
- 파형분석을 위한 오실로스코프(Oscilloscope)의 기능 및 작동법에 대해 학습한다.

2 이론적 배경

(1) 교류(AC, Alternative Current) 파형

2장 직류회로 측정에서 직류(DC)와 교류(AC)에 대해 간단히 소개한 바 있다. 지금까지 우리는 직류(DC)회로에서의 회로 분석방법에 대해 살펴봤다. 즉, DC회로 내의 한 소자(주로 저항기) 양 단의 전압과 해당 소자에 흐르는 전류가 우리의 주 관심사였고, 저항에서의 전압과 전류 사이에는 옴의 법칙(V=IR)의 관계를 갖는다는 사실을 실험을 통해 확인하였다.

남은 실험에서는 AC회로에서의 전압과 전류의 관계를 실험적으로 확인하고자 한다. 이에 앞서 AC전압과 AC전류 파형에 대한 수학적 이론을 이해해야 한다.

교류(AC)란 전류 혹은 전압의 크기와 방향이 시간에 따라 변하는 것으로 초당 60회(분당 3600회)의 발전기 회전운동에 의해 발생한다. 우리가 흔히 알고 있는 사인(sine)함수 혹은 코사인(cosine)함수 모양의 정현파(Sinusoidal waveform)는 가장 대표적인 교류 신호이다.

정현파 AC 전압 혹은 전류에 대한 수학적 표현은 아래와 같다.

$$v(t) = V_M \sin(\omega t + \theta_v) \ [V]$$
$$i(t) = I_M \sin(\omega t + \theta_i) \ [A] \quad \text{(식 11.1)}$$

지난 실험과 달리, 전압을 V 대신 v(t)로, 전류를 I가 아닌 i(t)로 표기하였다. 이는 전압과 전류가 시간에 따라 변하는 즉, 시간에 대한 함수임을 의미한다. sine함수는 -1과 1 사이의 크기를 가지므로, (식 11.1)에서 전압 $v(t)$와 전류 $i(t)$는 각각 $-V_M \le v(t) \le V_M$, $-I_M \le i(t) \le I_M$의 크기 범위를 지닌다. 또한 ω 는 각속도(Angular velocity)라 하며, 단위는 [rad/sec]이다. 속도(m/sec)가 단위 시간(1 sec) 동안 이동한 거리(m)를 의미하므로 각속도가 '단위 시간(1 sec) 동안에 회전한 각도(rad 혹은 degree)'를 의미함은 쉽게 유추할 수 있다. 물론 단위를 보면 그 의미는 더욱 명확해 진다.

(식 11.1)의 일반식을 그림으로 표현하면 아래의 [그림 11-1]과 같다.

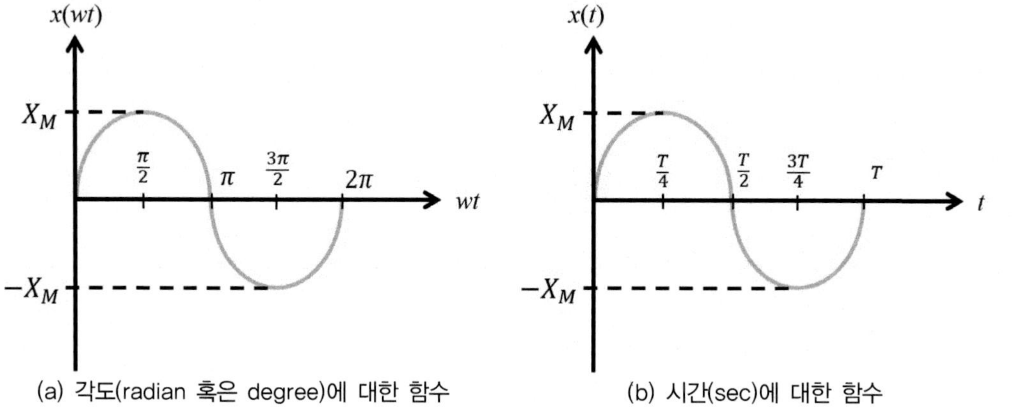

(a) 각도(radian 혹은 degree)에 대한 함수　　(b) 시간(sec)에 대한 함수

| **그림 11-1** | 교류(AC) 파형

[그림 11-1]의 (a)와 (b)의 차이를 설명할 수 있겠는가?

(a)에서는 x-축으로 각도(rad)를 사용했고, (b)에서는 시간(sec)을 사용했다.

sine함수는 각도가 0 rad(0 ∘), $\pm\pi$ rad(±180 ∘), ±2π rad(±360 ∘), ⋯

즉, $\theta = n\pi\,(n=0,\ \pm1,\ \pm2\cdots)$일 때 '0'의 크기를 가지며, 각도가 $(\pi)/2$ rad(90°), $(5\pi)/2$ rad(450°), $(9\pi)/2$rad(810°) ⋯ 즉, $\theta = \pi/2 + 2n\pi\,(n=0,\ \pm1,\ \pm2\cdots)$일 때 최대값 (1)을, $-\pi/2$ rad(−90°), $(3\pi)/2$ rad(270°), $(7\pi)/2$ rad(630°), ⋯

즉, $\theta = -\pi/2 + 2n\pi\,(n=0, \pm1, \pm2, \cdots)$ 일 때 최소값(-1)을 갖는다. 각도에 대한 sine 함수 즉, $y = \sin\theta$ 는 누구나 동일하게 그릴 수 있다. 여기에는 속도의 개념이 없으므로 sine함수가 빠르게 그려지는지 느리게 그려지는지 구분할 방법이 없다. 각속도의 개념, 즉, 각도의 변화 속도를 도식화하기 위해 [그림 11-1(b)]와 같이 x-축으로 시간을 사용해보자. 여기에서 T는 주기(period)를 의미한다. 주기(period)란 동일한 모양의 파형이 반복되는 시간간격(단위: sec)을 의미한다. 우리가 알고 있는 sine함수(sinθ)로 생각해보면 t=T는 θ=2π에 해당되는 값이다. 다만 시간(sec) 단위인지 각도(rad) 단위인지의 차이가 있을 뿐이다. 이와 마찬가지로 t=T/2는 $\theta=\pi$, t=T/4는 $\theta=\pi/2$, t=(3T)/4는 θ=(3π)/2, t=2T는 $\theta=4\pi$, t=3T는 $\theta=6\pi$ 등에 각각 대응된다.

따라서 시간(t)와 각도(θ) 사이에 위의 관계가 성립하기 위하도록 관계식을 세우면 아래와 같다.

$$\sin\theta = \sin\left(\frac{2\pi}{T}t\right) \quad \text{(식 11.2)}$$

여기에서 $\frac{2\pi}{T}$를 각속도(angular velocity)라고 하고 ω(오메가)로 표기한다.

즉, $\theta=\omega t=\frac{2\pi}{T}t$이다. 따라서 각속도 ω(단위: rad/sec)는 각도 2π(1바퀴, [rad])를 주기(1바퀴 회전할 때 소요된 시간, [sec])로 나눈 값으로, 단위시간(sec) 당 회전각도(rad)를 의미한다. [그림 11-1]의 (b)에서 시간 T는 sine함수의 파형이 한 번 반복될 때까지 걸리는 시간을 의미하며, 이를 주기(period)라 한다. 주기의 역수를 주파수(Frequency, 단위: Hz, 헤르츠)라 하고 단위 시간당 회전수 혹은 단위 시간당 동일한 파형이 반복되는 횟수를 의미한다. 예를 들어, 주기가 0.5초인 신호는 1초에는 2번의 파형이 반복되므로 2Hz의 주파수와 동일한 의미이다. sine함수와 같이 동일한 파형이 주기 T마다 반복되는 신호를 주기신호(Periodic Signal)이라 하며, 시간에 대한 함수 x(t)가 주기 T인 주기신호일 때 x(t)는 아래와 같이 정의된다.

$$x(t)=x(t+T)=x(t+nT) \quad (n: \text{정수}) \quad \text{(식 11.3)}$$

이를 바탕으로 각속도와 주기, 주파수의 관계를 정리하면 아래와 같다.

$$\omega = 2\pi f = \frac{2\pi}{T} \Leftrightarrow f=\frac{1}{T} \quad \text{(식 11.4)}$$

앞서 설명한 바와 같이 주파수와 주기의 단위는 각각 Hz와 sec이다. (식 11.4)에서 주파수와 주기가 서로 역수의 관계이므로 Hz는 sec^{-1}의 차원임을 알 수 있다.

결과적으로 우리가 실생활에서 사용하고 있는 220V, 60Hz AC전압에 대한 수식은

$$\begin{aligned} v(t) &= 220\sqrt{2}\sin(2\pi 60t + \theta_v)\,[V] \\ &\approx 311\sin(377t + \theta_v)\,[V] \end{aligned} \qquad \text{(식 11.5)}$$

로 표현될 수 있다. 60Hz 주파수를 지니므로 1초 동안 60개의 동일한 정현파가 반복되며, 파형 한 개의 주기는 60분의 1초 즉, 0.016667초(16.667msec)이다.

AC전압 혹은 전류의 크기는 일반적으로 실효치(RMS, Root-Mean-Square)로 표기한다. 실효치라 함은 AC신호의 크기를 DC신호에 대응되는 크기로 환산한 값으로 아래와 같이 정의된다.

$$V_{RMS} = \sqrt{\frac{\int_0^T v^2(t)\,dt}{T}} \qquad \text{(식 11.6)}$$

교류신호는 주기적으로 극성이 변화(즉, (+)와 (-)가 교번함)하므로 순시신호($v(t)$, 시간에 대한 전압신호의 크기 함수)의 크기에 대해 단순합을 계산하면 항상 '0'으로 계산된다. 이를 방지하기 위해 순시신호를 제곱한 후 일정 주기 동안의 평균을 구하고 제곱 단위를 원래의 단위로 환산하기 위해 제곱근을 씌워줌으로써 실효치 크기를 계산할 수 있다.

일반적으로 실효치는 최대치의 $1/\sqrt{2}$ 배로 생각되나, 이는 정현파신호(sinusoidal waveform)에 한해서만 성립된다. 예를 들어 $\pm V_M$을 1초에 60번씩 반복하는 사인파신호를 생각해보자. 이 사인파신호는 (식 11.5)와 각속도, 주기의 관계식을 통해 $v(t) = V_M\sin(2\pi 60t)$와 같이 표현되며, 이 식을 실효치의 정의인 (식 11.6)에 대입하면 아래와 같이 풀 수 있다.

$$
\begin{aligned}
V_{RMS} &= \sqrt{\frac{\int_0^T v^2(t)\,dt}{T}} = \sqrt{\frac{\int_0^{1/60} V_M^2 \sin^2(2\pi 60t)\,dt}{1/60}} \\
&= V_M \sqrt{\frac{\frac{1}{2}\int_0^{1/60} 1-\cos 2(2\pi 60t)\,dt}{1/60}} \\
&= V_M \sqrt{\frac{\frac{1}{2}\left\{\frac{1}{60}-\int_0^{1/60} \cos 2(2\pi 60t)\,dt\right\}}{1/60}} = \frac{V_M}{\sqrt{2}}
\end{aligned} \qquad \text{(식 11.7)}
$$

(2) 함수발생기(Function Generator)

함수발생기(Function Generator)란 위에서 설명한 정현파(Sinusoidal Waveform) 주기신호는 물론 삼각파(Triangular Waveform), 직각파(Square Waveform) 등 임의의 파형을 발생시키는 장비이다.

함수발생기의 기능 구성은 아래의 [그림 11-2]와 같다.

| **그림 11-2** | 함수발생기(Function Generator)

- 1 (FREQ) : 주파수 지시눈금 노브(0.1~10 Hz)
- 2 (RANGE) : 주파수 범위 조절키, 버튼을 이용하여 위의 1 번 노브와 해당 범위를 곱하여 주파수를 결정한다. 예를 들어 1 번 노브를 '3'으로, 2 번 키를 '×1k'로 설정한 경우, 3kHz(3,000Hz) 주파수의 신호가 생성된다.
- 3 (SYMMETRY) : 해당 키를 돌려 Burst 및 Sweep모드에서 ON-OFF 시간비를 임의로 조절한다.

- **4** (MODE) : BURST, SWEEP, CW(Continuous Waveform), GATE, TRIG. 모드를 선택한다.

※ 각 모드의 사용법은 장비의 매뉴얼을 참고할 것.

- **5** (FUNCTION) : CW모드에서 사인파, 삼각파, 직각파를 선택한다.

> ※ 본 실험(즉, 교류신호)에서는 CW(Continuous Waveform) 모드를 활용하여, 사인파(Sinusoidal Waveform, **5**의 '∿'), 삼각파(Triangular Waveform, **5**의 '⋀') 그리고 구형파(Square Waveform, **5**의 '⊓')을 주로 사용할 것이다.

- **6** (SYMMETRY) : CW모드에서 사인파, 삼각파, 구형파의 한 주기 파형의 대칭 특성을 20:80 ~ 80:20 범위에서 임의로 선택한다.
- **7** (DC OFFSET) : CW모드에서 사인파, 삼각파, 구형파의 DC 오프셋을 임의로 조절한다.
- **8** (TRIG. PHASE) : TRIGGER모드에서 파형의 시작 위상(Starting Phase)을 임의로 조절한다.
- **9** (ATTENUATOR, dB) : 출력파형의 크기를 0dB(1배), −20dB(1/10배), −40dB(1/100배), −60dB(1/1000배)로 감쇠시킨다.
- **10** : 출력파형의 크기를 연속적으로 가변시킨다. **9**번 키를 0dB로 맞추고 **10**번 노브를 돌려 출력파형의 크기를 조절한다.
- **11**, **12** : Burst 또는 Sweep 시간 범위를 설정한다. **10**번 키로 '1~100ms(Push On)' 혹은 '0.1~10s(Push Off)'로 맞추고, **12**번 노브를 돌려 Burst 또는 Sweep 시간을 조절한다.
- **13**, **14** : Sweep모드에서 **13**번 키를 선택(Push ON)하면 Normal(정상) 모드로 동작하고, **13**번 키를 해제(Push OFF)하고 **14**번 노브를 돌리면 Sweep모드의 시작 주파수(Start Frequency)를 조절할 수 있다.
- **15** : Sweep모드에서 선형/로그 스케일을 조절한다.
- **16**, **17** : **16**번 키를 통해 AM(Amplitude Modulation, 진폭변조)기능을 ON/OFF한다. AM기능 ON상태에서 **14**번 노브를 통해 변조신호의 크기를 조절할 수 있고, **17**번 노브를 통해 반송파(Carrier)신호의 크기를 조절할 수 있다.
- **18** : AM(Amplitude Modulation, 진폭변조)기능을 위한 입력단자(BNC타입)
- **19** : TRIG. 혹은 GATE 신호의 입력단자(BNC타입)
- **20** : 동기신호의 출력단자(BNC타입)

- 21 : 함수신호의 출력단자(BNC타입)로서 CW모드에서 다양한 형태의 신호(5 번 선택 키)를 출력하는 단자이다.

(3) 오실로스코프(Oscilloscope)

오실로스코프(Oscilloscope)는 전기신호의 파형 특성(크기, 주파수, 위상 등)을 시각적으로 보여주는 장비로서, 매우 다양한 기능을 제공해주는 장비이기 때문에 실험에 앞서 장비의 제조사에서 제작한 매뉴얼을 반드시 숙지하기 바란다.

오실로스코프의 일반적인 기능 구성은 아래의 [그림 11-3]과 같다.

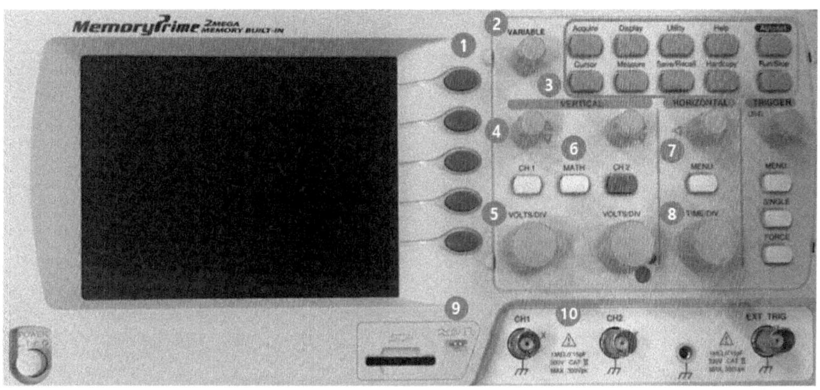

| **그림 11-3** | 오실로스코프(Oscilloscope)

- 1 (Function keys) : LCD화면에 보이는 각종 기능들을 선택
- 2 (Variable knob) : 각종 기능에서 선택된 값들을 조절
- 3 (Menu keys) : Acquire, Display, Utility, Cursor, Measure, Autoset, Save/Recall, Help, Hardcopy, Run/Stop 등 오실로스코프의 주요 기능을 선택
- 4 (Vertical Position Knob) : LCD 화면에 보이는 파형의 수직방향(위-아래)의 위치를 조절
- 5 (Volts/Div) : LCD 화면에 보이는 파형의 수직축 한 칸(Div)에 대한 크기(scale)를 조절
- 6 (MATH) : 두 채널(CH1, CH2)의 입력 신호에 대한 다양한 수학연산(Addition, Subtraction, Multiplication, FFT 등)을 수행
- 7 (Horizontal Position Knob) : LCD 화면에 보이는 파형의 수평방향(좌-우)의 위치를 조절

- 8 (Time/Div) : LCD 화면에 보이는 파형의 수평축 한 칸(Div)에 대한 크기(scale)를 조절
- 9 (Probe Compensation Output) : 프로브의 성능점검 및 보상을 위한 구형파 2Vp-p (2V의 피크-피크전압) 출력단자
- 10 : CH1과 CH2의 프로브 연결단자(BNC타입)

여기서 잠깐!! 오실로스코프용 프로브(Probe)

오실로스코프에 사용되는 프로브(Probe)는 직류회로 실험에서 사용하는 프로브와는 생김새부터 다르다.
아래의 [그림 11-4(a)]는 오실로스코프용 프로브의 외형을 보여준다.
1 은 측정팁(Tip)이 연결된 후크커버 부분이다. 후크부분을 아래로 내리면 커버에 숨겨져 있던 고리가 [그림 11-4(b)]와 같이 노출된다. 후크커버를 제거하면 뾰족한 측정팁이 있고, 이를 회로의 측정부에 접촉함으로써 파형을 측정하게 된다. 2 는 접지 단자이고, 3 는 프로브 몸통부분으로 해당 부분에는 전압감쇠계수(Voltage Attenuation Factor)를 선택할 수 있는 스위치가 위치한다. 감쇠계수란 프로브에서 신호의 진폭을 감소시키는 양을 의미한다. 일반적으로'×1'과 '×10'을 선택하게 되어 있는데,'×1'은 신호의 감쇠없이 그대로 프로브를 통해 오실로스코프로 인가하며, '×10'은 신호의 크기를 1/10로 감쇠시켜 오실로스코프로 인가함을 의미한다. 따라서 실험 시에 높은 전압이 오실로스코프로 인가되는 것을 막기 위해 항상 '×10'위치에 오도록 한다. 마지막으로 4 는 BNC타입의 케이블 단자로서 오실로스코프의 채널 입력단자에 체결되는 부분이다.

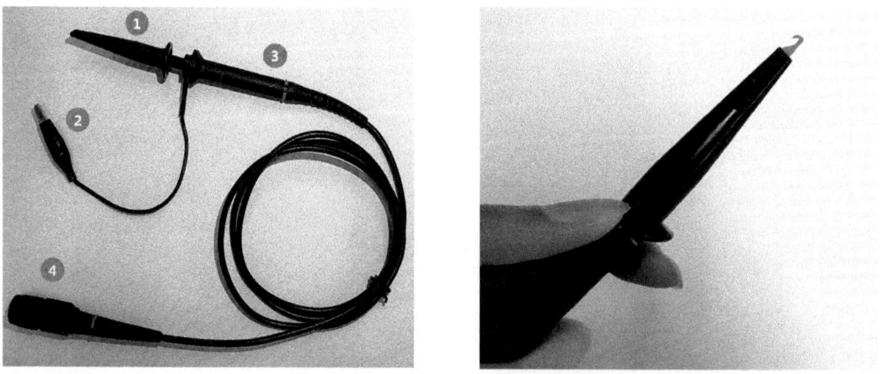

(a) (b)

| 그림 11-4 | 오실로스코프용 프로브

여기서 잠깐!! 오실로스코프의 측정(Measure) 기능 살펴보기

오실로스코프의 자동측정기능은 아래와 같다. 각 기능은 LCD화면의 우측에 보이며, Function key와 Variable knob를 이용하여 변경 및 선택이 가능하다.

분류	종류	기호	설명
전압	Vpp		Peak-to-Peak
	Vmax		Positive Peak
	Vmin		Negative Peak
	Vamp	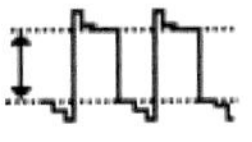	High-to-Low
	Vhi		Global High
	Vlo	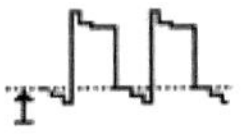	Global Low
	Vavg	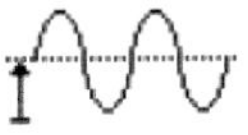	Average voltage
	Vrms	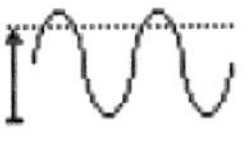	Root-mean -square(RMS) voltage
	ROVShoot	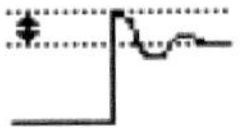	Rise Overshoot
	FOVShoot	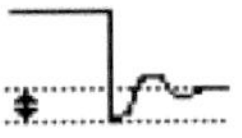	Fall Overshoot
	RPREShoot	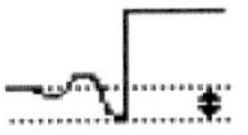	Rise Preshoot
	FPREShoot	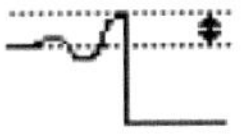	Fall Preshoot

분류	종류	기호	설명
지연	FRR	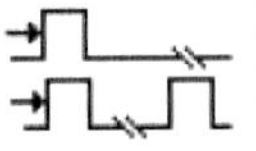	Time b/w Source 1 First Rising Edge & Source 2 First Rising Edge
	FRF	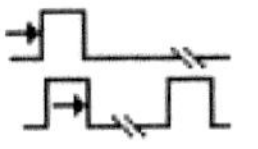	Time b/w Source 1 First Rising Edge & Source 2 First Falling Edge
	FFR	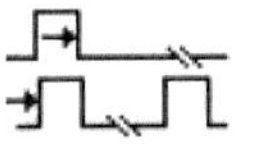	Time b/w Source 1 First Falling Edge & Source 2 First Rising Edge
	FFF	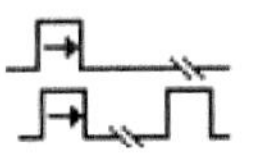	Time b/w Source 1 First Falling Edge & Source 2 First Falling Edge
	LRR	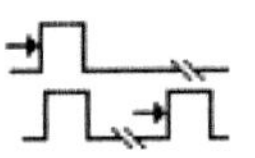	Time b/w Source 1 First Rising Edge & Source 2 Last \ Rising Edge

구분	항목	파형	설명
시간	Freq	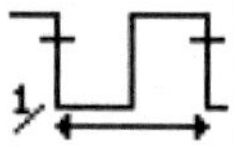	Frequency (주파수 : 주기의 역수)
	Period	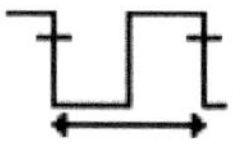	Period (주기: 주파수의 역수)
	Risetime	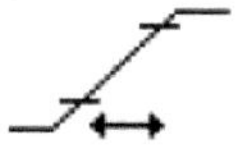	Rising Time (~90%)
	Falltime	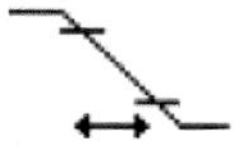	Falling Time (~10%)
	+Width	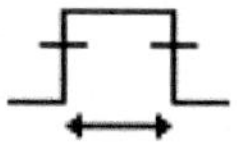	Positive Pulse Width
	-Width	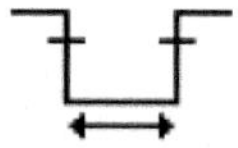	Negative Pulse Width
	Duty Cycle	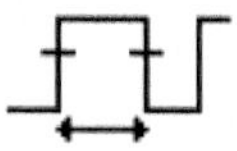	Ratio of Pulse w.r.t whole cycle

구분	항목	파형	설명
	LRF	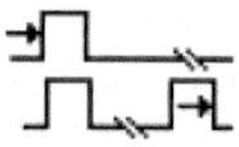	Time b/w Source 1 First Rising Edge & Source 2 Last Falling Edge
	LFR	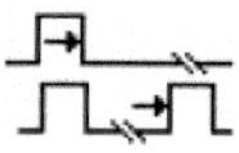	Time b/w Source 1 First Falling Edge & Source 2 Last Rising Edge
	LFF	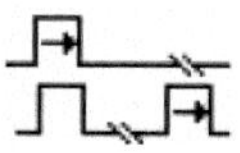	Time b/w Source 1 First Falling Edge & Source 2 Last Falling Edge

3 실험준비물

1) 함수발생기
2) 오실로스코프 및 프로브

4 실험과정

A. 함수발생기와 오실로스코프의 사용법

① 오실로스코프의 기본적인 기능을 확인하기 위해 전원을 ON한 후, 오실로스코프용 프로브를 CH1에 연결한다. (이 때, 프로브의 전압감쇠계수를 '×10'로 맞춘다.)

② **(프로브 교정)** 프로브 후크를 [그림 11-3] 9번 단자인 Probe Compensation Output에 연결한 후, [그림 11-3] 3번 메뉴 부분에서 'Autoset'키를 누른다. (Autoset은 입력 파형에 맞게 LCD화면 설정을 자동으로 세팅해주는 버튼임)

③ **(프로브 교정)** ②와 같이 'Autoset' 키를 통해 기본적인 설정을 자동으로 실행할 수 있지만, [그림 11-3] 4, 5번 노브(Vertical Position knob, VOLT/DIV knob)와 7, 8번 노브(Horizontal Position knob, TIME/DIV knob)를 이용하여 LCD 화면을 수동으로 변경하여 파형을 관찰할 수도 있다.

④ **(프로브 교정)** 구형파 형태의 파형이 정확히 관측되는지를 확인한 후, 과보상 혹은 부족보상인 경우 프로브의 나사를 조절하여 프로브의 측정 성능을 교정한다.

⑤ CH1 버튼을 누르고 측정하고자 하는 항목(Vmax, Vmin, Vpp, Freq, Period)을 [그림 11-3] 1번 키(Function Key)와 2번 노브(Variable knob)로 선택한다.

⑥ **(파형 관찰)** [그림 11-3] 3번 메뉴 부분에서 'Run/Stop'키를 눌러 현재의 파형상태를 정지화면으로 관찰하고, 실험결과 [표 11-1]의 1번 결과 칸에 파형의 모습과 각종 정보들을 정리하여 기록한다.

⑦ **(파형 관찰)** [그림 11-3] 3번 메뉴 부분에서 'Cursor' 키를 눌러 화면 상에 커서가 나타남을 확인하고, [그림 11-3] 2번 노브(Variable knob)를 이용하여 커서의 위치를 변경한다. X-축 방향의 커서들을 이용하여 구형파 파형에 대한 주기를 측정하고 'Measure'의 'Period' 측정결과와 일치하는지를 확인한다.

⑧ **(파형 관찰)** [그림 11-3] 1번 키(Function Key) 중 'X↔Y' 키를 이용하여 X-축 커서와 Y-축 커서를 변환할 수 있다. 해당 키를 눌러 Y-축 커서로 변환하고, 커서 Y1과 Y2를 구형파의 최대지점과 최소지점에 위치시켜 Y1Y2가 '2V'임을 확인한다. 이 상태에서 실험결과 [표 11-1]의 2번 결과 칸에 파형의 모습과 각종 정보들을 정리하여 기록한다.

⑨ **(함수발생기 작동)** 함수발생기의 작동을 확인하기 위해 함수발생기와 오실로스코프를 연결한다.

⑩ **(함수발생기 작동)** [그림 11-2] 4번 MODE 키 중 'CW' 모드를 선택하고, 5번 FUNCTION 키 사인파('∿')를 선택한다. [그림 11-2] 1번 FREQ.노브와 2번 RANGE키를 이용하여 실험자가 선택한 주파수의 사인파형이 오실로스코프에 나타나는지 확인한다.

⑪ **(함수발생기 작동)** [그림 11-2] 10번 크기 노브를 조절하여 사인파형의 크기가 변하는지 확인한다.

⑫ **(함수발생기 작동)** [그림 11-2] 7번 DC OFFSET 노브를 조절하여 사인파에 DC가 추가되는지 확인한다.

⑬ **(함수발생기 작동)** [그림 11-2] 9번 ATTENUATOR(dB) 키를 조절하여 원 신호의 크기가 감쇠되는지 확인한다.

B. 교류신호의 크기

① 함수발생기에 의한 신호의 파형을 관찰하기 위해 함수발생기와 오실로스코프의 프로브를 연결한다.

② 신호의 크기를 측정할 수 있도록 오실로스코프의 측정항목을 Vpp, Vmax, Vmin 그리고 Vrms로 설정한다.

③ 함수발생기에서 'CW'모드와 '사인파'를 선택한 후, 실험결과 [표 11-2]에서 제시하고 있는 전압의 크기가 되도록 [그림 11-2] 10번 크기 노브와 7번 DC OFFSET 노브를 조절한다.

④ (식 11.6)과 (식 11.7)을 이용하여 위의 신호에 대한 실효치(RMS)를 계산하여 [표 11-2]에 기록하고, 측정된 Vrms와 비교한다.

⑤ 오실로스코프에 나타나는 파형의 그림을 [표 11-2]에 그린다.

C. 교류신호의 주파수와 주기

① 함수발생기에 의한 신호의 파형을 관찰하기 위해 함수발생기와 오실로스코프의 프로브를 연결한다.

② 신호의 주파수와 주기를 측정할 수 있도록 오실로스코프의 측정항목을 Freq와 Period로 설정한다.

③ 함수발생기에서 'CW'모드와 '사인파'를 선택한 후, 실험결과 [표 11-3]에서 제시하고 있는 전압의 주파수가 되도록 [그림 11-2] **1** 번 FREQ.노브와 **2** 번 RANGE 키를 조절한다.

④ 오실로스코프의 CURSOR를 이용하여 주기를 측정하여 [표 11-3]에 기록하고, 측정 주기를 통해 계산된 주파수와 오실로스코프에 의해 측정된 주파수가 같음을 확인한다.

⑤ 오실로스코프에 나타나는 파형의 그림을 [표 11-3]에 그린다.

5 실험결과

A. 함수발생기와 오실로스코프의 작동법

| 표 11-1 | 작동법 확인

1번 결과(과정 ②~⑥)	2번 결과(과정 ⑦~⑧)

B. 교류신호의 크기

| 표 11-2 | 교류신호의 크기

$V_{\max}=2V \quad V_{\min}=-2V$			$V_{\max}=4V \quad V_{\min}=0V$		
V_{rms}	계산값		V_{rms}	계산값	
	측정값			측정값	

C. 교류신호의 주파수와 주기

| 표 11-3 | 교류신호의 주파수와 주기

Frequency : 60Hz			Frequency : 1kHz		
주기	계산값		주기	계산값	
	측정값			측정값	

6 실험결과 검토

이번 실험을 통해 얻은 결론과 이론과의 비교, 실험 과정 중 팀원들과 논의했던 내용, 향후 실험을 더욱 발전적으로 수행하기 위한 개인적인 의견 등을 자유롭게 기술한다.

실험 12

R-C회로의 해석

1 실험 목적

- 캐퍼시터에 흐르는 전류와 양 단의 전압 사이의 관계에 대해 이해한다.
- 저항(R)-캐패시터(C)의 직병렬 회로에서 전압파형을 측정하여 시정수(Time-constant)를 확인한다.

2 이론적 배경

(1) 캐패시터에서 전류와 전압의 관계

캐패시터(Capacitor)는 두 도체판 사이에 유전체(dielectric)로 채워진 소자로서 전하를 저장할 수 있는 소자이다. 전하를 저장할 수 있는 능력을 캐패시턴스(Capacitance)라 하고 단위는 F(패럿)을 사용하며, 물리적인 단위로서 캐패시턴스는 아래와 같이 정의된다.

$$C = \frac{\epsilon A}{d} = \frac{\epsilon_r \epsilon_0 A}{d} \quad [F] \qquad \text{(식 12.1)}$$

여기에서 ϵ는 유전율(Permittivity)로 유전체로 사용된 물질의 특성에 따라 달라진다. $\epsilon = \epsilon_r \epsilon_0$($\epsilon_r$: 상대유전율/유전상수, ϵ_0: 진공상태의 유전율, 8.85×10^{-12} F/m)로 계산되며, 상대유전율(유전상수)이란 유전체 물질의 유전율을 진공상태의 유전율로 나눈 상대값이다.

전기적인 의미에서 캐패시턴스를 정의하면 캐패시터에 저장된 전하량은 유전율과 캐패시터 양 단에 인간된 전압에 각각 비례하므로 $q = CV$로 표현되며, 전류는 시간 변화에 대한 전하량의 변화로 정의되므로, 캐패시터에 흐르는 전류 $i_C(t)$는 아래와 같이 표현될 수 있다.

$$i_C(t) = \frac{dq(t)}{dt} = \frac{d}{dt}(Cv(t)) = C\frac{dv(t)}{dt} \qquad \text{(식 12.2)}$$

즉, 전압이 일정한 경우 캐패시터에 흐르는 전류는 '0A'가 된다.

(식 12.2)의 미분형태를 적분연산으로 바꿈으로서 캐패시터 양 단의 전압 $v_C(t)$를 구할 수 있다.

$$\begin{aligned} v_C(t) &= \frac{1}{C}\int_{-\infty}^{t} i_C(\tau)\,d\tau \\ &= \frac{1}{C}\int_{-\infty}^{t_0} i_C(\tau)\,d\tau + \frac{1}{C}\int_{t_0}^{t} i_C(\tau)\,d\tau \\ &= \frac{1}{C}\int_{t_0}^{t} i_C(\tau)\,d\tau + v_C(t_0) \end{aligned} \qquad \text{(식 12.3)}$$

$v_C(t_0)$는 $t = t_0$ 시점에 캐패시터 양 단의 전압 즉, 캐패시터의 초기 전압을 의미한다. 수학적으로 생각하면 전류가 흘러 전하가 쌓임으로써 캐패시터의 전압이 생성되는 것으로 해석이 가능하다. 아래의 캐패시터의 회로를 생각해보자.

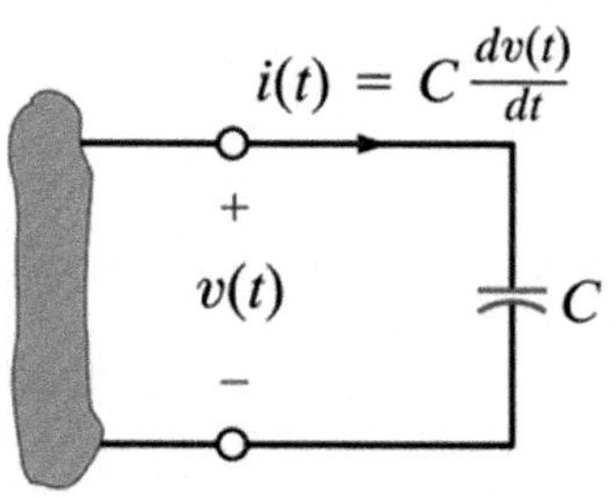

| 그림 12-1 | 캐패시터에서 전압과 전류의 관계

$$\begin{aligned} v_C(t) &= V_M \sin(\omega t + \theta_v) \ [V] \\ i_C(t) &= I_M \sin(\omega t + \theta_i) \ [A] \end{aligned} \qquad \text{(식 12.4)}$$

[그림 12-1]의 전압과 전류에 대한 수식을 (식 12.4)로 표현하고, $v_C(t)$와 $i_C(t)$와의 관계를 살펴보면 아래와 같다.

$$\begin{aligned} i_C(t) &= C\frac{dv_C(t)}{dt} \\ &= CV_M\frac{d}{dt}(\sin(\omega t+\theta_v)) = \omega CV_M\cos(\omega t+\theta_v) \\ &= \omega CV_M\sin(\omega t+\theta_v+90^\circ) \end{aligned} \qquad \text{(식 12.5)}$$

따라서, $I_M=\omega CV_M$, $\theta_i=\theta_v+90^\circ$, 혹은 $V_M=\frac{I_M}{\omega C}$, $\theta_v=\theta_i-90^\circ$ 로 결정되고 (식 12.4)에 대입하여 전압과 전류의 신호 파형을 그리면 [그림 12-2]와 같다.

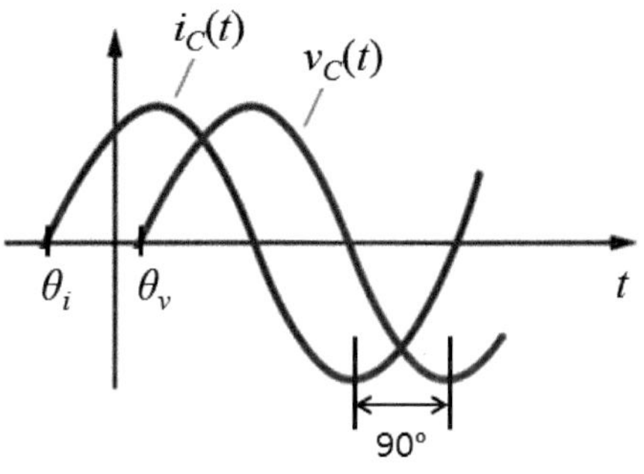

| **그림 12-2** | 캐패시터에서 전압과 전류의 파형

[그림 12-2]의 파형 그림을 통해 캐패시터에서의 입력과 출력의 관계를 확인할 수 있다. x-축이 시간을 의미하므로 캐패시터에 흐르는 전류 $i_C(t)$가 캐패시터 양 단의 전압 $v_C(t)$보다시간 상으로 90도 만큼 앞선다. 이러한 상황을 '캐패시터에서 전류의 위상이 전압의 위상에 비해 90도 만큼 앞선다.' 혹은, '캐패시터에서 전류가 전압에 비해 90도 만큼 진상의 위상(Leading Phase)을 갖는다.'라고 한다. 이는 '전압의 위상이 전류의 위상에 비해 90도 만큼 뒤진다.' 혹은, '전압이 전류에 비해 90도 만큼 지상의 위상(Lagging Phase)을 갖는다.'와 같은 의미이다.

위에서 설명한 바와 같이, 캐패시터의 전류가 전압에 비해 시간상으로 항상 앞서기 때문에 캐패시터에 전류를 흘려주면 90도 만큼 지연되어 캐패시터 양 단의 전압이 나타난다는 사실을 확인할 수 있다. 결국 캐패시터에서 입력은 전류가 되고 출력은 전압이 된다.

(2) R-C 직렬회로의 해석

아래 [그림 12-3]의 R-C 직렬회로에서 전압과 전류를 살펴보자.

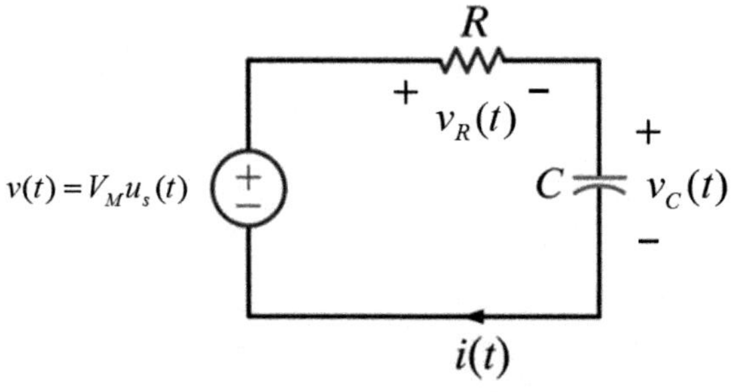

| 그림 12-3 | R-C 직렬회로

입력전압은 단위계단함수(Unit Step Function)를 이용하여 인가한다.

$$v(t)=\begin{cases}0\,[V] & ,\, t<0 \\ V_M\,[V] & ,\, t>0\end{cases} \qquad \text{(식 12.6)}$$

$t<0$에서 캐패시터의 초기전압을 $v_C(0^-)=0\,[V]$라 하고, $t>0$에서 키르히호프의 전압법칙을 적용하면 $v(t)=v_R(t)+v_C(t)$이고, 저항과 캐패시터의 전압을 공통전류 $i(t)$에 대한 식으로 정리하자.

$$\begin{aligned} & V_M = Ri(t)+\frac{1}{C}\int_0^t i(\tau)\,d\tau \\ & \Rightarrow 0 = R\frac{di(t)}{dt}+\frac{1}{C}i(t) \ \Rightarrow\ \frac{di(t)}{dt}+\frac{1}{RC}i(t)=0 \end{aligned} \qquad \text{(식 12.7)}$$

(식 12.7)의 미분방정식과 초기전류

$i(t)=\dfrac{V_M}{R}$ $\left(\because\ i_R(0^+)=\dfrac{V_M-v_C(0^+)}{R}=\dfrac{V_M-0}{R}=\dfrac{V_M}{R}\right)$을 이용하여 전류 $i(t)$를 계산하면 다음과 같다.

$$i(t) = \frac{V_M}{R} \exp\left(-\frac{t}{RC}\right) \ [A] \qquad \text{(식 12.8)}$$

$t=0$에서 전류 $i(t)$는 V_M/R [A]이고 $t=\infty$에서의 전류 $i(t)$는 0[A]이다. 이 때, 지수함수의 지수부분을 -1로 만드는 t값, $t=RC$를 **시정수**(Time constant, τ)라 하고, $t=\tau$에서 전류 $i(t)$는 0.368 V_M/R [A]이다. (식 12.8)을 이용하여 $t>0$에서 $v_R(t)$와 $v_C(t)$를 구하면 아래와 같다.

$$v_R(t) = Ri(t) = V_M \exp\left(-\frac{t}{RC}\right) \ [V] \qquad \text{(식 12.9)}$$

$$v_C(t) = V_M - v_R(t) = V_M - V_M \exp\left(-\frac{t}{RC}\right) \ [V] \qquad \text{(식 12.10)}$$

or

$$\begin{aligned} v_C(t) &= \frac{1}{C}\int_0^t i(\tau)\,d\tau + v_C(0) \\ &= \frac{1}{C}\int_0^t \frac{V_M}{R}\exp\left(-\frac{\tau}{RC}\right)d\tau = -V_M\left\{\exp\left(-\frac{t}{RC}\right) - 1\right\} \\ &= V_M - V_M\exp\left(-\frac{t}{RC}\right) \quad [V] \end{aligned}$$

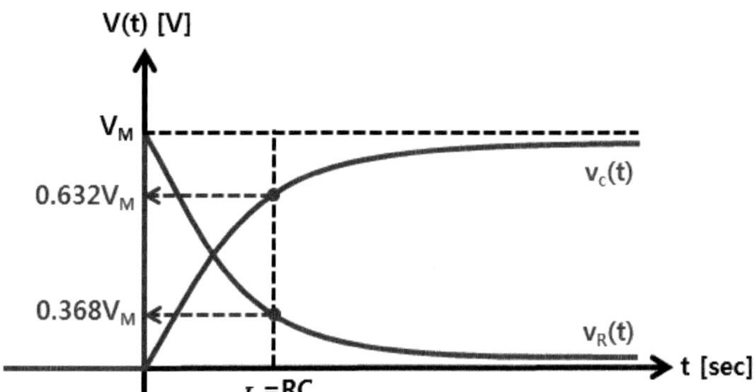

| 그림 12-4 | 캐패시터와 저항의 전압파형

(3) R–C 병렬회로의 해석

아래 [그림 12-5]의 R-C 병렬회로에서 전압과 전류를 살펴보자.

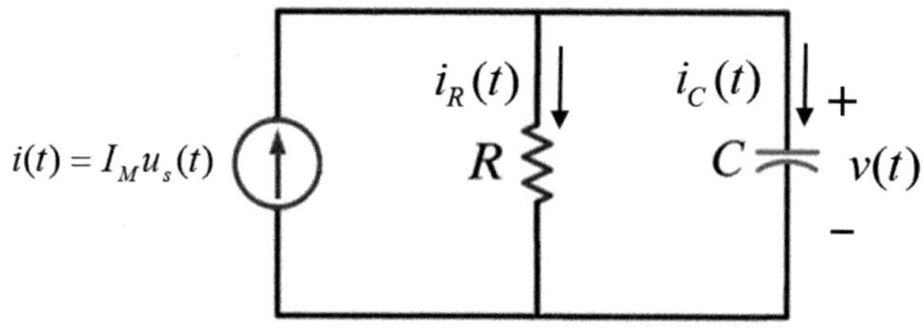

| 그림 12-5 | R-C 병렬회로

입력전류는 단위계단함수(Unit Step Function)를 이용하여 인가한다.

$$i(t)=\begin{cases}0\,[A] & ,\ t<0 \\ I_M\,[A] & ,\ t>0\end{cases} \qquad \text{(식 12.11)}$$

$t<0$에서 캐패시터의 초기전압을 $v_C(0^-)=0\,V$라 하고, $t>0$에서 키르히호프의 전류법칙을 적용하면 $i(t)=i_R(t)+i_C(t)$이고, 저항과 캐패시터에 흐르는 전류를 노드전압 $v(t)$에 대한 식으로 정리하자.

$$I_M=\frac{v(t)}{R}+C\frac{dv(t)}{dt} \qquad \text{(식 12.12)}$$

(식 12.12)의 미분방정식과 초기전압 $v(t)=0$을 이용하여 전압 $v(t)$를 계산하면 아래와 같다.

$$v(t)=RI_M-RI_M\exp\left(-\frac{t}{RC}\right)\ [V] \qquad \text{(식 12.13)}$$

$t=0$에서 전압 $v(t)$는 0 [V]이고 $t=\infty$에서의 전압 $v(t)$는 RI_M [V]이며, 시정수는 R-C직렬회로와 같이 $\tau=RC$ (sec)로 결정된다. (식 12.13)을 이용하여 $t>0$에서 $i_R(t)$와 $i_C(t)$를 구하면 다음과 같다.

$$i_R(t) = \frac{v(t)}{R} = I_M - I_M \exp\left(-\frac{t}{RC}\right) \ [A] \qquad (식\ 12.14)$$

$$i_C(t) = I_M - i_R(t) = I_M \exp\left(-\frac{t}{RC}\right) \ [A] \qquad (식\ 12.15)$$

or

$$i_C(t) = C\frac{dv(t)}{dt} = C\frac{d}{dt}\left\{RI_M - RI_M \exp\left(-\frac{t}{RC}\right)\right\} = I_M \exp\left(-\frac{t}{RC}\right) \ [A]$$

여기서 잠깐!! 캐패시터들의 직병렬 연결

1) 캐패시터의 직렬연결

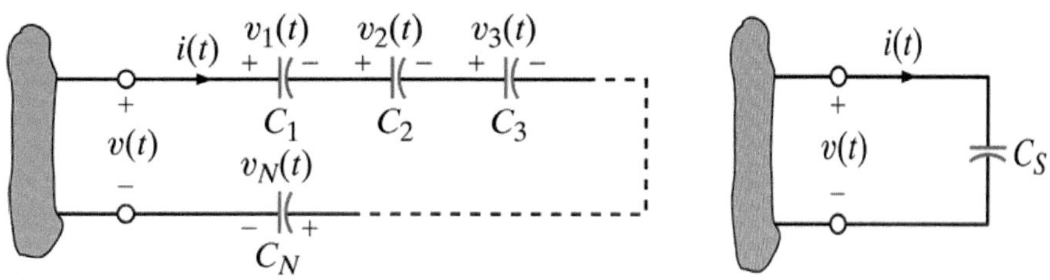

(a) 캐패시터의 직렬연결 회로 (b) 등가 회로

| **그림 12-6** | 캐패시터의 직렬연결과 등가 캐패시턴스

게페시턴스값이 C_i(i = 1, 2, ⋯, N)인 N개 캐패시터가 [그림 12-6(a)]와 같이 직렬로 연결된 경우, [그림 12-6(b)]와 같이 C_S의 등가 캐패시턴스를 갖는 한 개의 캐패시터로 능가화 할 수 있다.

그림 (a)에서 양 단의 전압 v(t)를 회로전류 i(t)로 표현하면 아래와 같다.

$$\begin{aligned} v(t) &= v_1(t) + v_2(t) + \cdots + v_N(t) \\ &= \left(\frac{1}{C_1}\int_0^t i(\tau)\,d\tau + v_1(0)\right) + \left(\frac{1}{C_2}\int_0^t i(\tau)\,d\tau + v_2(0)\right) \\ &\quad + \cdots + \left(\frac{1}{C_N}\int_0^t i(\tau)\,d\tau + v_N(0)\right) \qquad (식\ 1) \\ &= \left(\frac{1}{C_1} + \frac{1}{C_2} + \cdots + \frac{1}{C_N}\right)\int_0^t i(\tau)\,d\tau \\ &\quad + (v_1(0) + v_2(0) + \cdots + v_N(0)) \end{aligned}$$

(식 1)의 관계가 그림 (b)에서도 등가적으로 적용되어야 하므로

$$v(t) = \frac{1}{C_S}\int_0^t i(\tau)\,d\tau + v(0) \qquad \text{(식 2)}$$

이고, (식 1)과 (식 2)가 같도록 C_S를 결정하면 아래와 같다.

$$\frac{1}{C_S} = \frac{1}{C_1} + \frac{1}{C_2} + \cdots + \frac{1}{C_N} = \sum_{i=1}^{N}\frac{1}{C_i} \qquad \text{(식 3)}$$

2) 캐패시터의 병렬연결

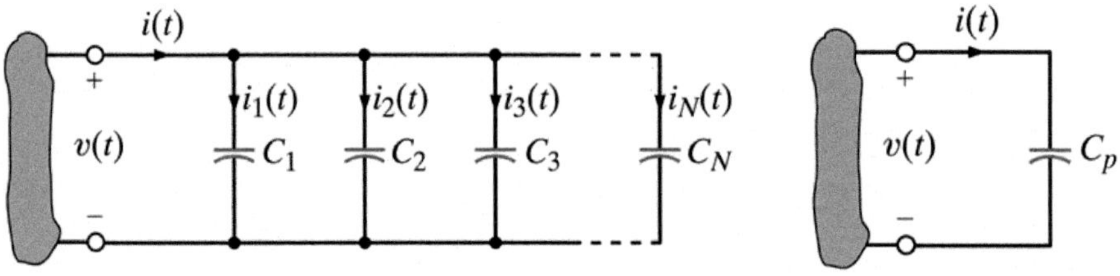

(a) 캐패시터의 병렬연결 회로 (b) 등가 회로

| 그림 12-7 | 캐패시터의 병렬연결과 등가 캐패시턴스

캐패시턴스값이 C_i(i = 1, 2, ⋯, N)인 N개 캐패시터가 [그림 12-7(a)]와 같이 병렬로 연결된 경우, [그림 12-7(b)]와 같이 C_p의 등가 캐패시턴스를 갖는 한 개의 캐패시터로 등가화할 수 있다.
그림 (a)에서 회로전류 i(t)를 단자전압 v(t)로 표현하면 아래와 같다.

$$\begin{aligned} i(t) &= i_1(t) + i_2(t) + \cdots + i_N(t) \\ &= C_1\frac{dv(t)}{dt} + C_2\frac{dv(t)}{dt} + \cdots + C_N\frac{dv(t)}{dt} \\ &= (C_1 + C_2 + \cdots + C_N)\frac{dv(t)}{dt} \end{aligned} \qquad \text{(식 4)}$$

(식 4)의 관계가 그림 (b)에서도 등가적으로 적용되어야 하므로

$$i(t) = C_P\frac{dv(t)}{dt} \qquad \text{(식 5)}$$

이고, (식 4)와 (식 5)가 같도록 C_P를 결정하면 아래와 같다.

$$C_P = C_1 + C_2 + \cdots + C_N = \sum_{i=1}^{N} C_i \qquad \text{(식 6)}$$

3 실험준비물

1) LCR미터
2) 오실로스코프
3) 함수발생기
4) 서로 다른 저항기 2개, 같은 크기의 저항기 2개
5) 서로 다른 용량의 캐패시터 2개, 동일한 용량의 캐패시터 2개
6) 브레드보드와 도선

여기서 잠깐!! LCR미터

| 그림 12-8 | LCR미터

LCR미터는 인덕턴스[Inductance, 단위: H], 캐패시턴스[Capacitance, 단위: F], 저항[Resistance, 단위: Ω]를 측정하는 장비이다.

※ 자세한 장비 스펙은 개별 장비의 매뉴얼을 참고할 것

- 1 : 인덕턴스(Inductance, L) 측정 시 Push OFF
  캐패시턴스(Capacitance, C) 측정 시 Push ON
- 2 : L/C/R 및 Range 선택 노브
- 3 : 측정용 악어클립 없이도 인덕턴스와 캐패시턴스를 측정하기 위한 측정용 단자
- 4 : 인덕턴스(L)와 캐패시턴스(C)를 측정하기 위한 측정용 악어클립 연결 단자
- 5 : 저항을 측정하기 위한 측정용 악어클립 연결 단자

4 실험과정

A. R-C회로 해석 1

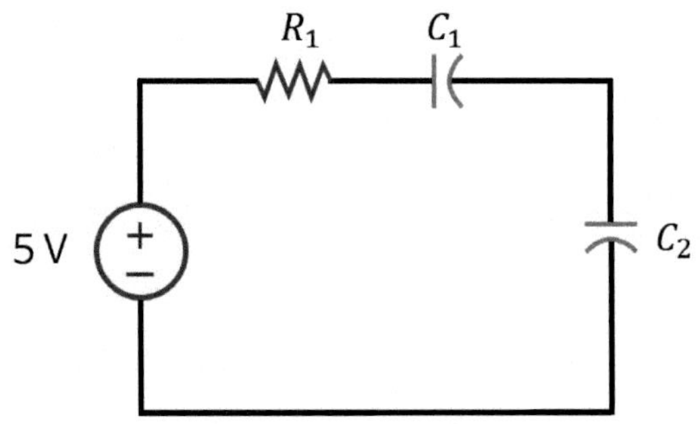

| 그림 12-9 | R-C회로 1

① LCR미터를 이용하여 저항 1개와 캐패시터 2개의 저항값과 캐패시턴스를 측정하여 [표 12-1]에 기록한다.

② 함수발생기의 FUNCTION 키(구형파)와 DC OFFSET 노브를 이용하여 최대전압(Vmax) 5V, 최소전압(Vmin) 0V인 구형파 신호를 만들고 오실로스코프를 이용하여 생성된 구형파의 파형을 관찰한다.

③ **(시정수의 계산)** 2. 이론적 배경을 토대로 [그림 12-9] 회로의 시정수를 계산하고, 구형파의 ON-Period(5V인 구간길이)가 시정수의 약 10배가 되도록 주파수를 조절한다. 그 과정을 <계산과정 1>에 정리하고, 적절한 단위를 선택하여 [표 12-2]의 정격값에 기록한다.

④ **(파형 관찰)** ②~③에서 정한 파라미터대로 구형파를 만들고, 오실로스코프로 관찰되는 파형을 <오실로스코프 결과1-구형파>에 그린다.

⑤ 함수발생기를 [그림 12-9] 회로에 연결한다.

⑥ **(캐패시터 전압파형 관찰)** 오실로스코프를 이용하여 직렬연결 캐패시터의 전압을 측정하여, 전압파형을 관찰하고 해당 파형을 ④에서 그린 그림 <오실로스코프 결과1-구형파> 위에 같이 그린다.

⑦ 오실로스코프로의 MEASURE기능과 CURSOR를 이용하여 측정된 시정수와 주파수를 [표 12-2]의 측정값에 기록한다.

B. R-C회로 해석 2

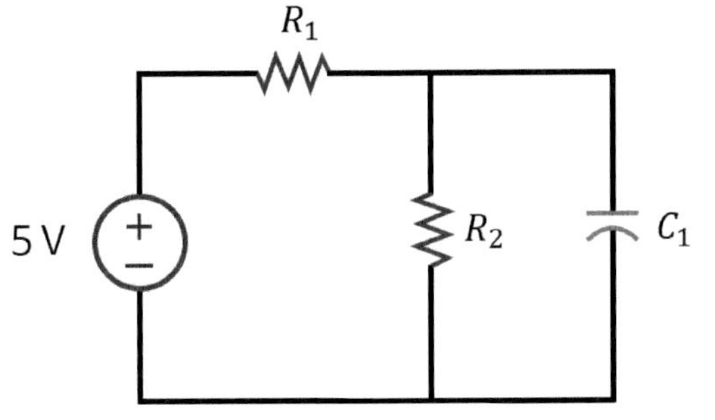

| 그림 12-10 | R-C회로 2

① LCR미터를 이용하여 저항 2개와 캐패시터 1개의 저항값과 캐패시턴스를 측정하여 [표 12-3]에 기록한다.

② 함수발생기의 FUNCTION 키(구형파)와 DC OFFSET 노브를 이용하여 최대전압(Vmax) 5V, 최소전압(Vmin) 0V인 구형파 신호를 만들고 오실로스코프를 이용하여 생성된 구형파의 파형을 관찰한다.

③ **(시정수의 계산)** 2. 이론적 배경을 토대로 [그림 12-10] 회로의 시정수를 계산하고, 구형파의 ON-Period(5V인 구간길이)가 시정수의 약 10배가 되도록 주파수를 조절한다. 그 과정을 <계산과정 2>에 정리하고, 적절한 단위를 선택하여 [표 12-4]의 정격값에 기록한다.

④ **(파형 관찰)** ②~③에서 정한 파라미터대로 구형파를 만들고, 오실로스코프로 관찰되는 파형을 <오실로스코프 결과2-구형파>에 그린다.

⑤ 함수발생기를 [그림 12-10] 회로에 연결한다.

⑥ **(캐패시터 전압파형 관찰)** 오실로스코프를 이용하여 캐패시터의 전압을 측정하여, 충방전 전압파형을 관찰하고 해당 파형을 ④에서 그린 그림 <오실로스코프 결과2-구형파> 위에 같이 그린다.

⑦ 오실로스코프로의 MEASURE기능과 CURSOR를 이용하여 측정된 시정수와 주파수를 [표 12-4]의 측정값에 기록한다.

C. 캐패시터의 전압과 전류의 위상차 측정

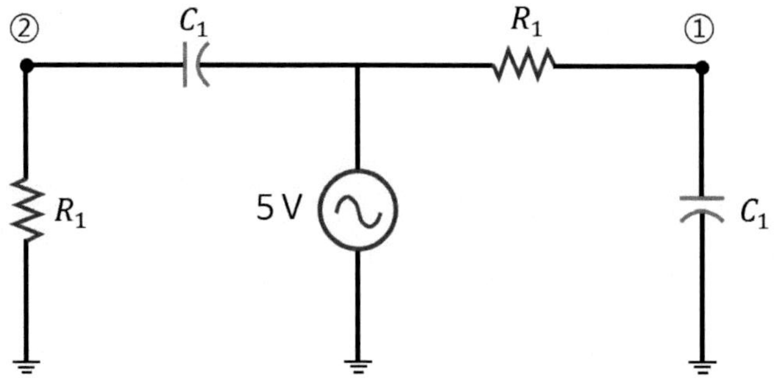

| **그림 12-11** | 캐패시터의 전압/전류 위상차 측정회로

① 동일한 크기의 저항기 2개와 동일한 용량의 캐패시터 2개를 이용하여 [그림 12-11]의 회로를 브레드보드 위에 구성한다.

② 함수발생기의 FUNCTION 키(사인파)를 이용하여 최대전압(Vmax) 5V, 최소전압(Vmin) -5V, 주파수 60Hz인 사인파 신호를 만들고 오실로스코프를 이용하여 생성된 정현파의 파형을 관찰한다.

③ 함수발생기 출력을 [그림 12-10]의 회로에 인가한다.

④ (**전압파형의 관찰**) 오실로스코프 Ch. 1과 Ch. 2에 각각 프로브를 연결하고 ①번 노드와 ②번 노드에 프로브의 측정팁을 접촉하여 캐패시터와 저항의 전압파형을 관찰하고 해당 파형을 실험결과 <C. 캐패시터 전압과 전류의 위상차 측정>에 그린다. 저항에서는 전압과 전류의 위상차가 없으므로, 저항 전압파형의 위상과 캐패시터 전류파형의 위상이 같다. 따라서 저항의 전압파형을 측정함으로써 캐패시터에서 전류의 위상이 전압의 위상보다 90도 앞선다는 사실을 확인할 수 있다.

5 실험결과

A. R–C회로 해석 1

| 표 12-1 | 회로 구성 parameter

	R_1, [kΩ]	C_1, [μF]	C_2, [μF]	C_T, [μF]
정격값				
측정값				
오차율, [%]				

| 표 12-2 | 함수발생기 입력 전압

	$V_{\max}$, [V]	$V_{\min}$, [V]	τ, [msec, μsec]	f, [Hz, kHz]
정격값				
측정값				
오차율, [%]				

〈계산과정1 – 시정수 및 주파수 구하기〉

〈오실로스코프 결과1 - 구형파〉

B. R-C회로 해석 2

| 표 12-3 | 회로 구성 parameter

	R_1, [kΩ]	R_2, [kΩ]	C_1, [μF]
정격값			
측정값			
오차율, [%]			

| 표 12-4 | 함수발생기 입력 전압

	V_{max}, [V]	V_{min}, [V]	τ, [msec, μsec]	f, [Hz, kHz]
정격값				
측정값				
오차율, [%]				

〈계산과정2 - 시정수 및 주파수 구하기〉

〈오실로스코프 결과2 - 구형파〉

C. 캐패시터의 전압과 전류의 위상차 측정

6 실험결과 검토

이번 실험을 통해 얻은 결론과 이론과의 비교, 실험 과정 중 팀원들과 논의했던 내용, 향후 실험을 더욱 발전적으로 수행하기 위한 개인적인 의견 등을 자유롭게 기술한다.

실험 13

R-L회로의 해석

1 실험 목적

- 인덕터에 흐르는 전류와 양 단의 전압 사이의 관계에 대해 이해한다.
- 저항(R)-인덕터(L)의 직병렬 회로에서 전압파형을 측정하여 시정수(Time-constant)를 확인한다.

2 이론적 배경

(1) 인덕터에서 전류와 전압의 관계

인덕터(Inductor)는 코일(Coil)형태의 소자로서, 인덕터 양 단에 전압을 인가하면 전류가 흐르면서 자기장을 만들고 자계의 변화를 막는 방향을 유도기전력이 발생하여 인덕터 양 단에 전압이 생성되는 것을 순간적으로 방해한다. 전기장을 저장할 수 있는 능력을 인덕턴스(Inductance)라 하고 단위는 H(헨리)를 사용한다. 인덕터 양 단의 전압 $v_L(t)$은 아래와 같이 표현될 수 있다.

$$v_L(t) = L\frac{di_L(t)}{dt} \qquad \text{(식 13.1)}$$

즉, 전류가 일정한 경우 인덕터 양 단에 나타나는 전압은 '0V'가 된다.

(식 13.1)의 미분형태를 적분연산으로 바꿈으로서 인덕터에 흐르는 전류 $i_L(t)$를 구할 수 있다.

$$\begin{aligned} i_L(t) &= \frac{1}{L}\int_{-\infty}^{t} v_L(\tau)\,d\tau \\ &= \frac{1}{L}\int_{-\infty}^{t_0} v_L(\tau)\,d\tau + \frac{1}{L}\int_{t_0}^{t} v_L(\tau)\,d\tau \\ &= \frac{1}{L}\int_{t_0}^{t} v_L(\tau)\,d\tau + i_L(t_0) \end{aligned} \qquad \text{(식 13.2)}$$

$i_L(t_0)$는 $t=t_0$ 시점에 인덕터에 흐르는 전류 즉, 인덕터의 초기 전류를 의미한다. 아래의 인덕터의 회로를 생각해보자.

$$\begin{aligned} v_L(t) &= V_M \sin(\omega t + \theta_v) \ [V] \\ i_L(t) &= I_M \sin(\omega t + \theta_i) \ [A] \end{aligned} \qquad \text{(식 13.3)}$$

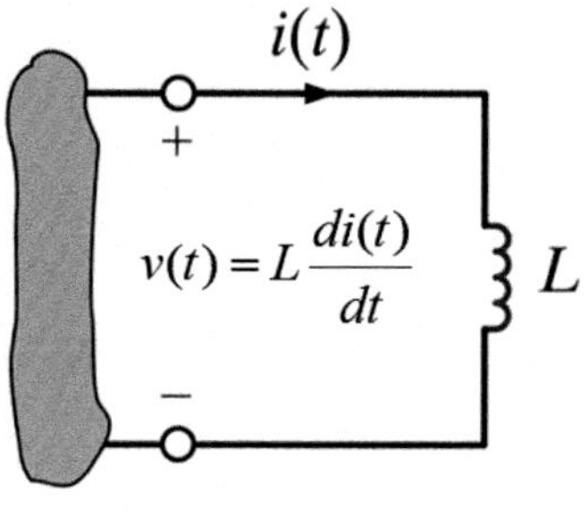

| **그림 13-1** | 인덕터에서 전압과 전류의 관계

[그림 13-1]의 전압과 전류에 대한 수식을 (식 13.1)로 표현하고, $v_L(t)$와 $i_L(t)$와의 관계를 살펴보면 아래와 같다.

$$v_L(t) = L\frac{di_L(t)}{dt} = LI_M\frac{d}{dt}\left(\sin(\omega t+\theta_i)\right) = \omega LI_M \cos(\omega t+\theta_i) = \omega LI_M \sin(\omega t+\theta_i+90^\circ)$$

(식 13.4)

따라서, $V_M = \omega LI_M$, $\theta_v = \theta_i + 90^\circ$, 혹은 $I_M = \frac{V_M}{\omega L}$, $\theta_i = \theta_v - 90^\circ$로 결정되고 (식 13.3)에 대입하여 전압과 전류의 신호 파형을 그리면 [그림 13-2]와 같다.

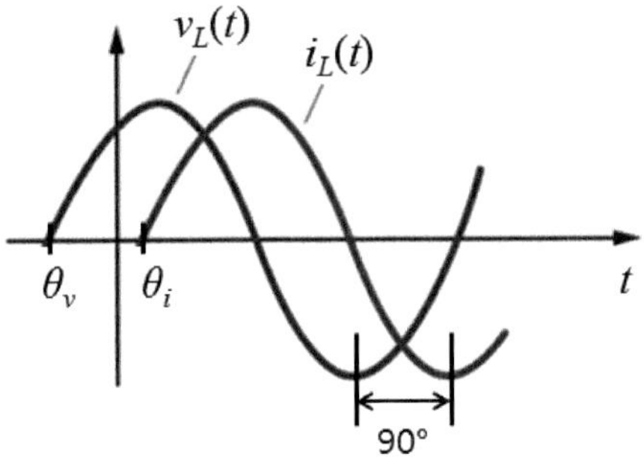

| **그림 13–2** | 인덕터에서 전압과 전류의 파형

[그림 13-2]의 파형 그림을 통해 인덕터에서의 입력과 출력의 관계를 확인할 수 있다. x-축이 시간을 의미하므로 인덕터 양 단의 전압 $v_L(t)$가 인덕터에 흐르는 전류 $i_L(t)$보다 시간 상으로 90도 만큼 앞선다. 이러한 상황을 '인덕터에서 전압의 위상이 전류의 위상에 비해 90도만큼 앞선다.' 혹은, '인덕터에서 전압이 전류에 비해 90도만큼 진상의 위상(Leading Phase)을 갖는다.'라고 한다. 이는 '전류의 위상이 전압의 위상에 비해 90도만큼 뒤진다.' 혹은, '전류가 전압에 비해 90도만큼 지상의 위상(Lagging Phase)을 갖는다.'와 같은 의미이다.

위에서 설명한 바와 같이, 인덕터의 전압이 전류에 비해 시간상으로 항상 앞서기 때문에 인덕터에 전압을 인가하면 90도 만큼 지연되어 인덕터에 전류가 흐른다는 사실을 확인할 수 있다. 결국 인덕터에서 입력은 전압이 되고 출력은 전류가 된다.

(2) R–L 직렬회로의 해석

아래 [그림 13-3]의 R-L 직렬회로에서 전압과 전류를 살펴보자.

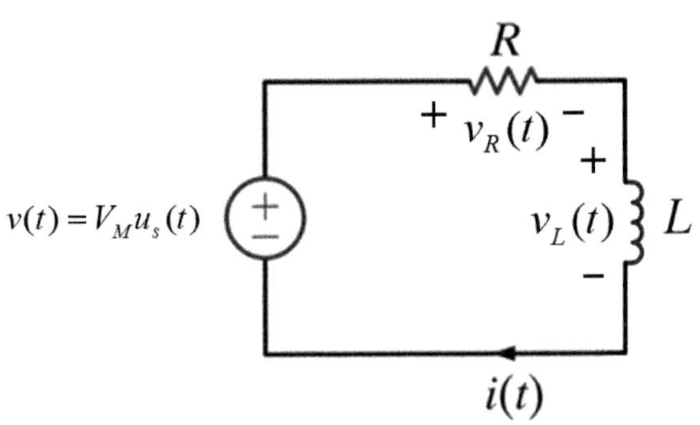

| **그림 13–3** | R–L 직렬회로

입력전압은 단위계단함수(Unit Step Function)를 이용하여 인가한다.

$$v(t) = \begin{cases} 0\,[V] & ,t < 0 \\ V_M\,[V] & ,t > 0 \end{cases} \qquad (식\ 13.5)$$

$t < 0$에서 인덕터의 초기전류는 $i_L(0^-) = 0\,[A]$이고, $t > 0$에서 키르히호프의 전압법칙을 적용하면 $v(t) = v_R(t) + v_L(t)$이고, 저항과 인덕터의 전압을 공통전류 $i(t)$에 대한 식으로 정리하자.

$$V_M = Ri(t) + L\frac{di(t)}{dt} \qquad (식\ 13.6)$$

(식 13.6)의 미분방정식과 초기전류 $i(t) = 0$을 이용하여 전류 $i(t)$를 계산하면 아래와 같다.

$$i(t) = \frac{V_M}{R} - \frac{V_M}{R}\exp\left(-\frac{R}{L}t\right)\ [A] \qquad (식\ 13.7)$$

$t = 0$에서 전류 $i(t)$는 0 [A]이고 $t = \infty$에서의 전류 $i(t)$는 $\frac{V_M}{R}$ [A]이고, 시정수 $\tau = \frac{L}{R}$ (sec)로 결정된다. (식 13.7)을 이용하여 $v_R(t)$와 $v_L(t)$를 구하면 아래와 같다.

$$v_R(t) = Ri(t) = V_M - V_M\exp\left(-\frac{R}{L}t\right)\ [V] \qquad (식\ 13.8)$$

$$v_L(t) = V_M - v_R(t) = V_M\exp\left(-\frac{R}{L}t\right)\ [V] \qquad (식\ 13.9)$$

or

$$v_L(t) = L\frac{di(t)}{dt} = L\frac{d}{dt}\left\{\frac{V_M}{R} - \frac{V_M}{R}\exp\left(-\frac{R}{L}t\right)\right\} = V_M\exp\left(-\frac{R}{L}t\right)\ [V]$$

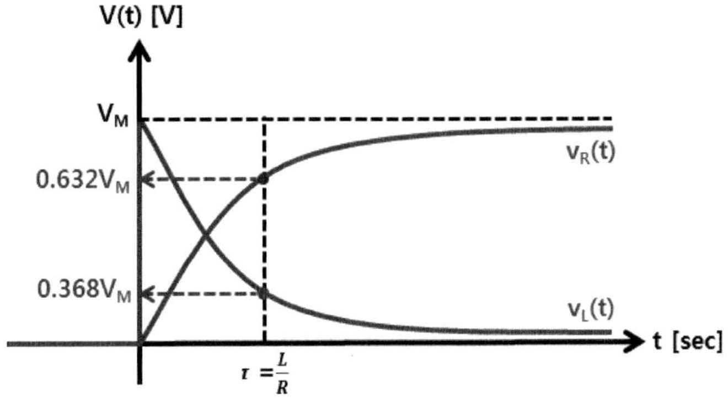

| 그림 13-4 | 인덕터와 저항의 전압파형

(3) R-L 병렬회로의 해석

아래 [그림 13-5]의 R-L 병렬회로에서 전압과 전류를 살펴보자.

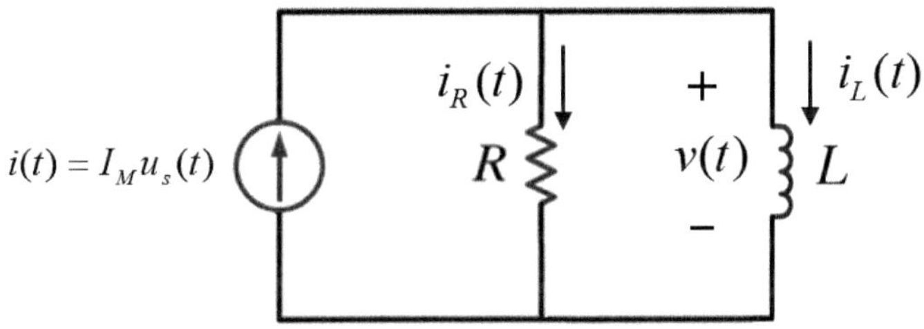

| 그림 13-5 | R-L 병렬회로

입력전류는 단위계단함수(Unit Step Function)를 이용하여 인가한다.

$$i(t) = \begin{cases} 0\,[A] & ,t<0 \\ I_M\,[A] & ,t>0 \end{cases} \qquad \text{(식 13.10)}$$

$t<0$에서 인덕터의 초기전류를 $i_L(0^-)=0\,[A]$라 하고, $t>0$에서 키르히호프의 전류법칙을 적용하면 $i(t)=i_R(t)+i_C(t)$이고, 저항과 인덕터의 전류를 노드전압 $v(t)$에 대한 식으로 정리하자.

$$I_M = \frac{v(t)}{R} + \frac{1}{L}\int_0^t v(\tau)\,d\tau \Rightarrow 0 = \frac{1}{R}\frac{dv(t)}{dt} + \frac{1}{L}v(t)$$
$$\Rightarrow \frac{dv(t)}{dt} + \frac{R}{L}v(t) = 0 \qquad \text{(식 13.11)}$$

(식 13.11)의 미분방정식과 초기전압 $v(t) = I_M R$

$(\because\ v(0^+) = i_R(0^+)R = \{I_M - i_L(0^+)\}R = I_M R)$을 이용하여 전압 $v(t)$를 계산하면 아래와 같다.

$$v(t) = I_M R \exp\left(-\frac{R}{L}t\right)\ [V] \qquad \text{(식 13.12)}$$

$t=0$에서 전압 $v(t)$는 $I_M R$ [V]이고 $t=\infty$에서의 전압 $v(t)$는 0 [V]이고, 시정수는 R-L직렬회로와 같이 $\tau = \frac{L}{R}$ (sec)로 결정된다. (식 13.12)를 이용하여 $t>0$에서 $i_R(t)$와 $i_L(t)$를 구하면 아래와 같다.

$$i_R(t) = \frac{v(t)}{R} = I_M \exp\left(-\frac{R}{L}t\right)\ [A] \qquad \text{(식 13.13)}$$

$$i_L(t) = I_M - i_R(t) = I_M - I_M \exp\left(-\frac{R}{L}t\right)\ [A] \qquad \text{(식 13.14)}$$

or

$$\begin{aligned} i_L(t) &= \frac{1}{L}\int_0^t v(\tau)\,d\tau + i_L(0) \\ &= \frac{1}{L}\int_0^t I_M R \exp\left(-\frac{R}{L}\tau\right) d\tau \\ &= -I_M\left\{\exp\left(-\frac{R}{L}t\right) - 1\right\} \\ &= I_M - I_M \exp\left(-\frac{R}{L}t\right)\ [A] \end{aligned}$$

여기서 잠깐!! 인덕터들의 직병렬 연결

1) 인덕터의 직렬연결

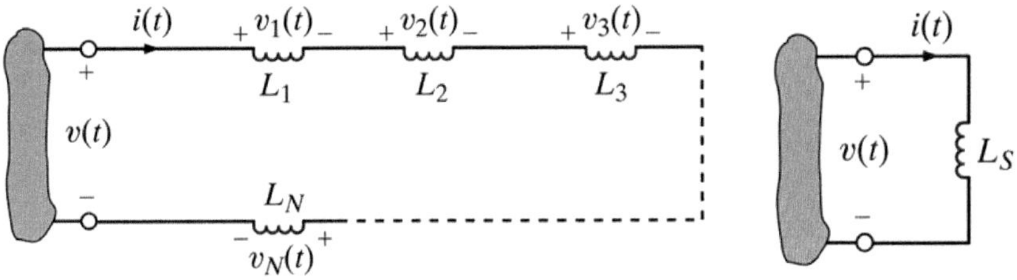

(a) 인덕터의 직렬연결 회로　　　(b) 등가 회로

| 그림 13-6 | 인덕터의 직렬연결과 등가 인덕턴스

인덕턴스값이 L_i(i = 1, 2, ⋯, N)인 N개 인덕터가 [그림 13-6(a)]와 같이 직렬로 연결된 경우, [그림 13-6(b)]와 같이 L_S의 등가 인덕턴스를 갖는 한 개의 인덕터로 등가화할 수 있다. 그림 (a)에서 양 단의 전압 v(t)를 회로전류 i(t)로 표현하면 아래와 같다.

$$\begin{aligned} v(t) &= v_1(t) + v_2(t) + \cdots + v_N(t) \\ &= L_1 \frac{di(t)}{dt} + L_2 \frac{di(t)}{dt} + \cdots + L_N \frac{di(t)}{dt} \\ &= (L_1 + L_2 + \cdots + L_N) \frac{di(t)}{dt} \end{aligned} \quad \text{(식 1)}$$

(식 1)의 관계가 그림 (b)에서도 등가적으로 적용되어야 하므로

$$v(t) = L_S \frac{di(t)}{dt} \quad \text{(식 2)}$$

이고, (식 1)과 (식 2)가 같도록 L_S를 결정하면 아래와 같다.

$$L_S = L_1 + L_2 + \cdots + L_N = \sum_{i=1}^{N} L_i \quad \text{(식 3)}$$

2) 인덕터의 병렬연결

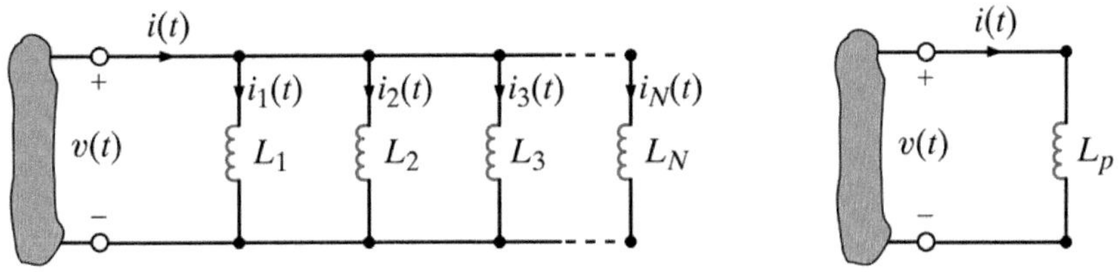

(a) 인덕터의 병렬연결 회로　　　(b) 등가 회로

| 그림 13-7 | 인덕터의 병렬연결과 등가 인덕턴스

인덕턴스값이 L_i(i = 1, 2, ⋯, N)인 N개 인덕터가 [그림 13-7(a)]와 같이 병렬로 연결된 경우, [그림 13-7(b)]와 같이 L_P의 등가 인덕턴스를 갖는 한 개의 인덕터로 등가화할 수 있다.
그림 (a)에서 회로전류 i(t)를 단자전압 v(t)로 표현하면 아래와 같다.

$$\begin{aligned} i(t) &= i_1(t)+i_2(t)+\cdots+i_N(t) \\ &= \left(\frac{1}{L_1}\int_0^t v(\tau)\,d\tau + i_1(0)\right)+\left(\frac{1}{L_2}\int_0^t v(\tau)\,d\tau + i_2(0)\right) \\ &\quad +\cdots+\left(\frac{1}{L_N}\int_0^t v(\tau)\,d\tau + i_N(0)\right) \\ &= \left(\frac{1}{L_1}+\frac{1}{L_2}+\cdots+\frac{1}{L_N}\right)\int_0^t v(\tau)\,d\tau \\ &\quad +\left(i_1(0)+i_2(0)+\cdots+i_N(0)\right) \end{aligned} \qquad \text{(식 4)}$$

(식 4)의 관계가 그림 (b)에서도 등가적으로 적용되어야 하므로

$$i(t) = \frac{1}{L_P}\int_0^t v(\tau)\,d\tau + i(0) \qquad \text{(식 5)}$$

이고, (식 4)과 (식 5)가 같도록 L_P를 결정하면 아래와 같다.

$$\frac{1}{L_P} = \frac{1}{L_1}+\frac{1}{L_2}+\cdots+\frac{1}{L_N} = \sum_{i=1}^{N}\frac{1}{L_i} \qquad \text{(식 6)}$$

3 실험준비물

1) LCR미터
2) 오실로스코프
3) 함수발생기
4) 서로 다른 저항기 2개, 같은 크기의 저항기 2개
5) 서로 다른 용량의 인덕터 2개, 동일한 용량의 인덕터 2개
6) 브레드보드와 도선

4 실험과정

A. R-L회로 해석 1

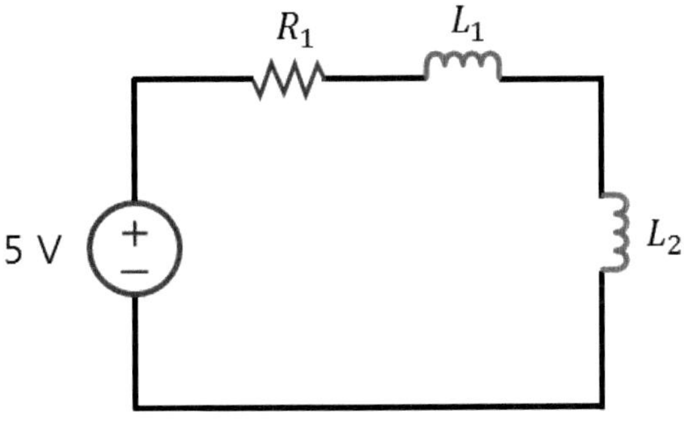

| 그림 13-8 | R-L회로 1

① LCR미터를 이용하여 저항 1개와 인덕터 2개의 저항값과 인덕턴스를 측정하여 [표 13-1]에 기록한다.

② 함수발생기의 FUNCTION 키(구형파)와 DC OFFSET 노브를 이용하여 최대전압(Vmax) 5V, 최소전압(Vmin) 0V인 구형파 신호를 만들고 오실로스코프를 이용하여 생성된 구형파의 파형을 관찰한다.

③ **(시정수의 계산)** 2. 이론적 배경을 토대로 [그림 13-8] 회로의 시정수를 계산하고, 구형파의 ON-Period(5V인 구간길이)가 시정수의 약 10배가 되도록 주파수를 조절하고 그 과정을 <계산과정 1>에 정리하고, 적절한 단위를 선택하여 [표 13-2]의 정격값에 기록한다.

④ **(파형 관찰)** ②~③에서 정한 파라미터대로 구형파를 만들고, 오실로스코프로 관찰되는 파형을 <오실로스코프 결과1-구형파>에 그린다.

⑤ 함수발생기를 [그림 13-8] 회로에 연결한다.

⑥ **(인덕터 전압파형 관찰)** 오실로스코프를 이용하여 직렬연결 인덕터의 전압을 측정하여, 전압파형을 관찰하고 해당 파형을 ④에서 그린 그림 <오실로스코프 결과1-구형파> 위에 같이 그린다.

⑦ 오실로스코프로의 MEASURE기능과 CURSOR를 이용하여 측정된 시정수와 주파수를 [표 13-2]의 측정값에 기록한다.

B. R-L회로 해석 2

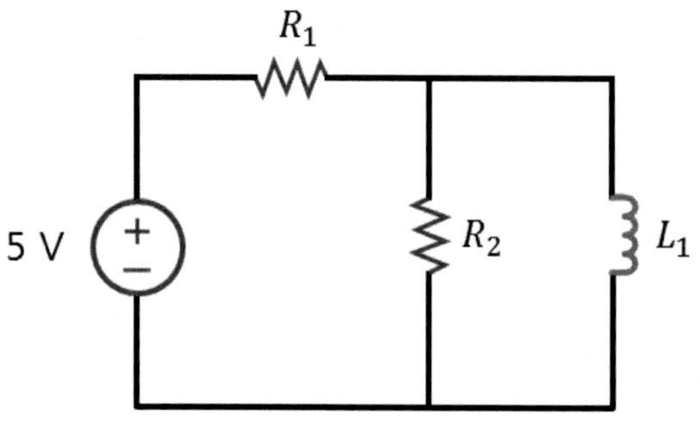

| **그림 13-9** | R-L 회로 2

① LCR미터를 이용하여 저항 2개와 인덕터 1개의 저항값과 인덕턴스를 측정하여 [표 13-3]에 기록한다.

② 함수발생기의 FUNCTION 키(구형파)와 DC OFFSET 노브를 이용하여 최대전압(Vmax) 5V, 최소전압(Vmin) 0V인 구형파 신호를 만들고 오실로스코프를 이용하여 생성된 구형파의 파형을 관찰한다.

③ **(시정수의 계산)** 2. 이론적 배경을 토대로 [그림 13-9] 회로의 시정수를 계산하고, 구형파의 ON-Period(5V인 구간길이)가 시정수의 약 10배가 되도록 주파수를 조절하고 그 과정을 <계산과정 2>에 정리하고, 적절한 단위를 선택하여 [표 13-4]의 정격값에 기록한다.

④ **(파형 관찰)** ②~③에서 정한 파라미터대로 구형파를 만들고, 오실로스코프로 관찰되는 파형을 <오실로스코프 결과2-구형파>에 그린다.

⑤ 함수발생기를 [그림 13-9] 회로에 연결한다.

⑥ **(인덕터 전압파형 관찰)** 오실로스코프를 이용하여직렬연결 인덕터의 전압을 측정하여, 전압파형을 관찰하고 해당 파형을 ④에서 그린 그림 <오실로스코프 결과2-구형파> 위에 같이 그린다.

⑦ 오실로스코프로의 MEASURE기능과 CURSOR를 이용하여 측정된 시정수와 주파수를 [표 13-4]의 측정값에 기록한다.

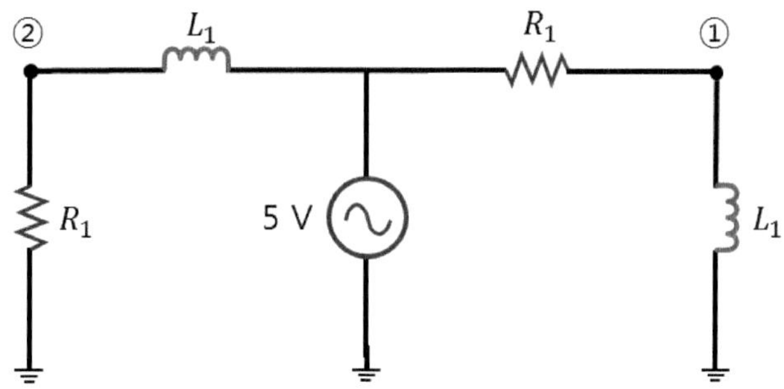

| 그림 13-10 | 인덕터의 전압/전류 위상차 측정회로

C. 인덕터의 전압과 전류의 위상차 측정

① 동일한 크기의 저항기 2개와 동일한 용량의 인덕터 2개를 이용하여 [그림 13-10]의 회로를 브레드보드 위에 구성한다.

② 함수발생기의 FUNCTION 키(사인파)를 이용하여 최대전압(Vmax) 5V, 최소전압(Vmin) -5V, 주파수 60Hz인 사인파 신호를 만들고 오실로스코프를 이용하여 생성된 정현파의 파형을 관찰한다.

③ 함수발생기 출력을 [그림 13-10]의 회로에 인가한다.

④ **(전압파형의 관찰)** 오실로스코프 Ch. 1과 Ch. 2에 각각 프로브를 연결하고 ①번 노드와 ②번 노드에 프로브의 측정팁을 접촉하여 인덕터와 저항의 전압파형을 관찰하고 해당 파형을 실험결과 <C. 인덕터 전압과 전류의 위상차 측정>에 그린다. 저항에서는 전압과 전류의 위상차가 없으므로, 저항 전압파형의 위상과 인덕터 선류파형의 위상이 같다. 따라서 저항의 전압파형을 측정함으로써 인덕터에서 전압의 위상이 전류의 위상보다 90도 앞선다는 사실을 확인할 수 있다.

5 실험결과

A. R-L회로 해석 1

| 표 13-1 | 회로 구성 parameter

	R_1, [kΩ]	L_1, [mH]	L_2, [mH]	L_T, [mH]
정격값				
측정값				
오차율, [%]				

| 표 13-2 | 함수발생기의 입력 전압

	$V_{\max}$, [V]	$V_{\min}$, [V]	τ, [msec, μsec]	f, [Hz, kHz]
정격값				
측정값				
오차율, [%]				

〈계산과정1 - 시정수 및 주파수 구하기〉

〈오실로스코프 결과1 - 구형파〉

B. R-L 회로 해석 2

| 표 13-3 | 회로 구성 parameter

	R_1, [kΩ]	R_2, [kΩ]	L_1, [mH]
정격값			
측정값			
오차율, [%]			

| 표 13-4 | 함수발생기 입력 전압

	V_{max}, [V]	V_{min}, [V]	τ, [msec, μsec]	f, [Hz, kHz]
정격값				
측정값				
오차율, [%]				

〈계산과정2 - 시정수 및 주파수 구하기〉

〈오실로스코프 결과2 - 구형파〉

C. 인덕터의 전압과 전류의 위상차 측정

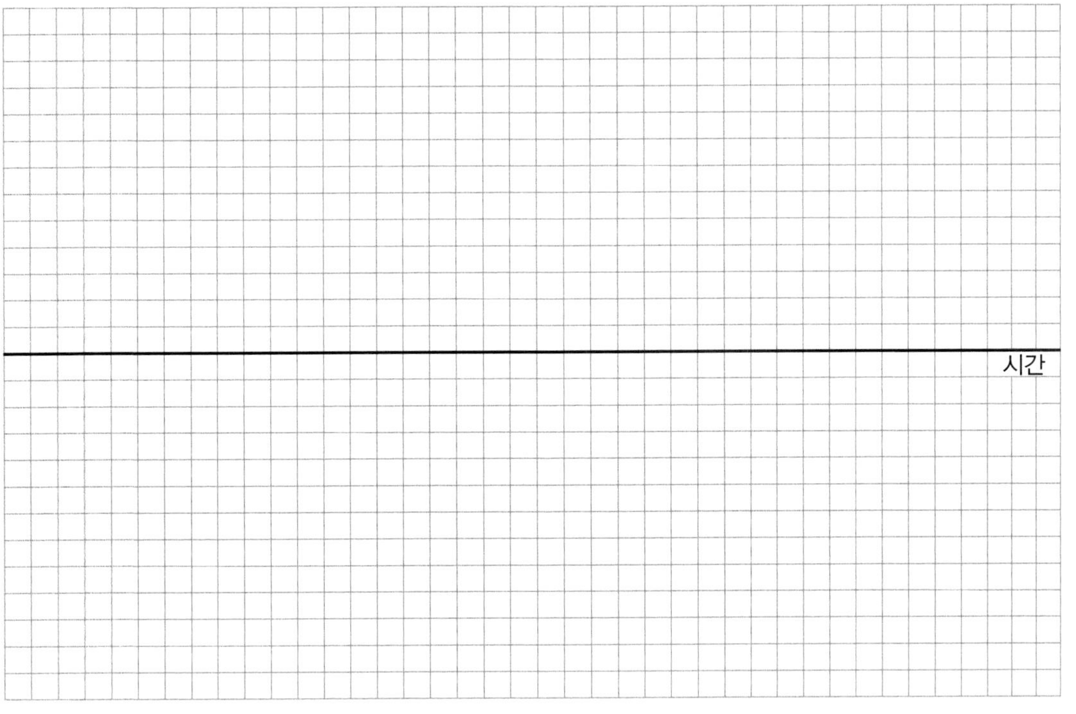

6 실험결과 검토

이번 실험을 통해 얻은 결론과 이론과의 비교, 실험 과정 중 팀원들과 논의했던 내용, 향후 실험을 더욱 발전적으로 수행하기 위한 개인적인 의견 등을 자유롭게 기술한다.